# Qualitätsmanagement in der ABAP-Entwicklung unter SAP®

**2., überarbeitete Auflage**

Johannes Gerbershagen

## Willkommen bei Espresso Tutorials!

Unser Ziel ist es, SAP-Wissen wie einen Espresso zu servieren: Auf das Wesentliche verdichtete Informationen anstelle langatmiger Kompendien – für ein effektives Lernen an konkreten Fallbeispielen. Viele unserer Bücher enthalten zusätzlich Videos, mit denen Sie Schritt für Schritt die vermittelten Inhalte nachvollziehen können. Besuchen Sie unseren YouTube-Kanal mit einer umfangreichen Auswahl frei zugänglicher Videos: *https://www.youtube.com/user/EspressoTutorials*.

Kennen Sie schon unser Forum? Hier erhalten Sie stets aktuelle Informationen zu Entwicklungen der SAP-Software, Hilfe zu Ihren Fragen und die Gelegenheit, mit anderen Anwendern zu diskutieren:

*https://forum.espresso-tutorials.com/*.

**Bibliografische Information der Deutschen Nationalbibliothek**
Die Deutsche Nationalbibliothek verzeichnet diese Publikation in der Deutschen Nationalbibliografie; detaillierte bibliografische Daten sind im Internet über https://portal.dnb.de abrufbar.

Johannes Gerbershagen
**Qualitätsmanagement in der ABAP-Entwicklung unter SAP®** –
2., überarbeitete Auflage

**ISBN:** 978-3-960123-38-5

**Lektorat:** Anja Achilles, Bernhard Edlmann

**Korrektorat:** Stefan Marschner

**Coverdesign:** Philip Esch

**Coverfoto:** © manfredxy | 641783620 – istockphoto.com

**Satz & Layout:** Johann-Christian Hanke

2., überarbeitete Auflage 2024



**URL:** *www.espresso-tutorials.de*



**Feedback**:
Wir freuen uns über Fragen und Anmerkungen jeglicher Art. Bitte senden Sie diese an: *info@espresso-tutorials.com*.

# Inhaltsverzeichnis

# Vorwort

Dieses Buch richtet sich an ABAP-Entwickler und SAP-Berater, die sich mit der Entwicklung von Qualitätssoftware beschäftigen. Es verschafft Ihnen einen Überblick, wie Sie hochwertige ABAP-Entwicklungen erstellen und diese Wertigkeit langfristig erhalten können. Lernen Sie die Themen *Clean Code*, *Unit-Tests*, *Refactoring* oder *Regressionstests* kennen und steigern Sie mithilfe dieser Werkzeuge sowohl Ihre Codequalität als auch Ihren Projekterfolg.

Mit der Auswahl der Themen richte ich mich gleichermaßen an Anfänger, denen das Thema »Codequalität« noch unbekannt ist, wie auch an fortgeschrittene Programmierer. Kenntnisse in der Programmiersprache ABAP sowie in der Objektorientierung in ABAP (ABAP Objects) sind allerdings Voraussetzung für ein besseres Verständnis.

Die Hauptthemen dieses Buches sind robustes Softwaredesign, Dokumentation, strukturiertes Testen, Bestandscode und Werkzeuge der ABAP-Entwicklungsumgebung. Nach einigen einführenden Bemerkungen zu den Codebeispielen stelle ich im zweiten Kapitel einige Gestaltungsrichtlinien vor, mit denen Sie Programme robust gestalten. In Kapitel 3 zeige ich Ideen und Modelle auf, wie Sie aussagekräftige Dokumentationen erstellen, die Ihnen später bei der Fehlersuche, beim Konfigurieren Ihrer Programme und bei Änderungen der Programmlogik behilflich sind. Das Kapitel »Strukturiertes Testen« beschäftigt sich damit, warum Tests im Entwicklungsprozess einen hohen Stellenwert haben, und macht Sie mit Strategien wie automatisierten Unit-Test sowie Integrationstests vertraut. Im folgenden Abschnitt über Bestandscode lernen Sie einige Methoden kennen, wie Sie ungewollte Seiteneffekte bei Erweiterungen oder Änderungen an bestehenden Programmen vermeiden, und im folgenden Kapitel lernen Sie Werkzeuge wie das ABAP Test Cockpit und den Code Inspector kennen. Ich schließe mit einem Perspektivwechsel auf das Management, indem ich in Kapitel 7 erkläre, wie auch diese Seite dazu beitragen kann, dass qualitativ hochwertige Software entsteht.

In der hier vorliegenden zweiten Auflage des Buches gehe ich unter anderem vermehrt auf den Einsatz von Werkzeugen und Hilfsmitteln wie der Open SQL-Testumgebung oder den ABAP Development Tools for Eclipse (ADT) ein. Zudem finden Sie mehr Beispiele, wie Sie theoretische Konzepte in die Praxis umsetzen.

In den Text sind Kästen eingefügt, um wichtige Informationen besonders hervorzuheben. Jeder Kasten ist zusätzlich mit einem Piktogramm versehen, das diesen genauer klassifiziert:

**Hinweis**

Hinweise bieten praktische Tipps zum Umgang mit dem jeweiligen Thema.

**Beispiel**

Beispiele dienen dazu, ein Thema besser zu illustrieren.

**! Achtung**

Warnungen weisen auf mögliche Fehlerquellen oder Stolpersteine im Zusammenhang mit einem Thema hin.

**Übungsaufgabe**

Übungsaufgaben helfen Ihnen, Ihr Wissen zu festigen und zu vertiefen.

### Die Form der Anrede

Um den Lesefluss nicht zu beeinträchtigen, verwenden wir im vorliegenden Buch bei personenbezogenen Substantiven und Pronomen zwar nur die gewohnte männliche Sprachform, meinen aber gleichermaßen Personen weiblichen und diversen Geschlechts.

### Hinweis zum Urheberrecht

Sämtliche in diesem Buch abgedruckten Screenshots unterliegen dem Copyright der SAP SE. Alle Rechte an den Screenshots hält die SAP SE. Der Einfachheit halber haben wir im Rest des Buches darauf verzichtet, dies unter jedem Screenshot gesondert auszuweisen.

# 1 Die Programmierbeispiele

**In diesem Kapitel gebe ich Ihnen einige Informationen zu den Programmierbeispielen, die Sie durch dieses Buch begleiten. Damit Sie dem Inhalt besser folgen und die in Listings dargestellten Beispiele auch selbst ausprobieren können, sollten Sie dieses Kapitel nicht überspringen.**

### Codebeispiel »abgesagte Angebote«

Als Demonstrationswerkzeug diente mir bei der Erstellung dieses Buches ein Codebeispiel, dem ich in den nachfolgenden Kapiteln den Namen »Abgesagte Angebote« gegeben habe. Dieses Codebeispiel erstellt eine Auswertung über Angebote, deren Positionen vom Kunden mit dem Grund »zu teuer« abgesagt wurden. Die Auswertung enthält die Preisspanne der abgesagten Positionen sowie das Verhältnis zwischen der Anzahl abgesagter Positionen und der Anzahl der gesamten Positionen. Die Preisspanne bezieht sich immer auf eine konkrete Währung und eine bestimmte Menge. Die Mengen werden in der im Materialstamm hinterlegten Basismengeneinheit angegeben. Es erfolgt keine Umrechnung der unterschiedlichen Währungen in den einzelnen Positionen.

Den Source Code habe ich Ihnen im GIT-Repository *https://github.com/germanysources/clean_code_demo* zur Verfügung gestellt. Darin wurden zu Demonstrationszwecken hauptsächlich deutsche Begriffe und Kommentare verwendet. Der Source Code ist mit SAP NetWeaver Releases 7.52 und höher kompatibel.

Wichtigste Entwicklungsobjekte des Codebeispiels:

- Report `zangebote_abgesagt`: übernimmt die Anzeige der Auswertung im ALV Grid,
- Klasse `zangebote_abgesagt`: liest die Angebote von der Datenbank und bereitet die Daten für die Auswertung auf,

- Klasse `zangebote_abgesagt_stub_demo`: enthält dieselbe Funktionalität wie die Klasse `zangebote_abgesagt`; demonstriert eine in Abschnitt 4.6 beschriebenen Testattrappen.

Das angegebene Repository enthält zwei Varianten in zwei separaten Branches:

#### Branch: master

Die erste Variante setzt die Anzeige- und Änderungsmöglichkeit für Angebote im SD-Modul voraus. Die Kopfdaten der Angebote werden in dieser Variante aus den Tabellen `vbak` und `vbkd` sowie die Positionsdaten aus der Tabelle `vbap` ermittelt.

#### Branch: without_sd_tables

Die zweite Variante ist unabhängig von den Modulen SD und MM und kann damit insbesondere auf miniSAP-Installationen verwendet werden. In dieser Variante werden alle in den Modulen SD und MM vorhandenen Datenbanktabellen durch z-Tabellen ersetzt. Tabelle 1.1 gibt Ihnen einen Überblick, welche Tabellen durch z-Tabellen getauscht wurden. Für alle z-Tabellen existieren Pflege-Views, die Sie über die Transaktion *SM30* erreichen.

| Bedeutung | Tabelle SD/MM-Modul (wird im Masterbranch verwendet) | z-Tabelle (wird im WITHOUT_SD_TABLES-Branch verwendet) |
|---|---|---|
| Kopfdaten Angebote | VBAK,VBKD | ZANGEBOT_VBAK |
| Positionsdaten Angebote | VBAP | ZANGEBOT_VBAP |
| Kundenstamm | KNA1 | ZANGEBOT_KUNDEN |
| Materialstamm | MARA | ZANGEBOT_MATERIA |
| Materialtexte | MAKT | ZANGEBOT_MATTEXT |

*Tabelle 1.1: Tausch der Datenbanktabellen im Master- und im WITHOUT_SD_TABLES-Branch*

Für die Installation benötigen Sie das Open-Source-Versionsverwaltungswerkzeug *abapGit*, das in Abschnitt 6.1.2 vorgestellt wird. Falls Sie noch nicht mit abapGit gearbeitet haben, empfehle ich Ihnen, zunächst Abschnitt 6.1.2 zu lesen.

### Codebeispiele aus dem Flugbetrieb

Das Codebeispiel »abgesagte Angebote« erstellt nur eine Auswertung. Neben dem Erzeugen von Auswertungen wird ABAP aber auch häufig für *transaktionale Applikationen* verwendet, mit denen die Nutzer Datenänderungen vornehmen. Transaktionale Applikationen werden anhand separater Codebeispiele verdeutlicht, die wie viele ABAP-Codebeispiele kleine Ausschnitte aus der Abwicklung eines Flugbetriebes zeigen. Diese Beispiele sollen Ihnen zur Verdeutlichung des geschriebenen Textes dienen, ohne dabei wie das Codebeispiel »abgesagte Angebote« eine konkrete Anforderung zu implementieren.

> **☛ Download-Link Listings**
>
> Sie finden die zugehörigen Listings auch unter dem folgenden Download-Link: *https://es-tu.de/jikGRB*

Nach dem Download können Sie die Quelltexte in die ABAP-Workbench oder in die ADT kopieren.

# 2 Robustes Softwaredesign

**Wie kann bereits in der Entwurfs- und Entwicklungsphase das Grundgerüst für ein erfolgreiches Projekt gelegt werden? In diesem Kapitel werde ich Ihnen einige Ideen dazu aufzeigen.**

Ich teile die unter Experten häufig vertretene Meinung, dass durch die Entwicklung von *Clean Code* Software robust gestaltet wird. Clean Code umfasst eine Reihe von Maßnahmen, um Software aufgeräumt und sauber zu gestalten. Durch Ordnung und Klarheit können Sie folgende Ziele realisieren:

- Nachvollziehbarkeit der Algorithmen,
- Vermeidung von Stolperfallen,
- einfache Wartung: Entwickler, die bisher nicht in das Projekt involviert waren, können den Source Code trotzdem lesen, verstehen und warten,
- Fehlerminimierung: viele Bugs werden schon in der Testphase und nicht erst im produktiven Einsatz gefunden,
- Wiederverwendbarkeit: dieselben Funktionen müssen nicht jedes Mal kopiert oder neu geschrieben werden.

In den nächsten Abschnitten stelle ich Ihnen einige Maßnahmen für die Entwicklung von Clean Code vor.

## 2.1 Übersichtlicher und verständlicher Source Code

Bei größeren Projekten empfiehlt es sich, den Source Code übersichtlich und verständlich zu gestalten. In der folgenden Liste möchte ich Ihnen daher einige einfache Gestaltungsrichtlinien vorstellen, die dazu beitragen.

**Prozeduren kurz halten:**

- Sie müssen weniger am Bildschirm scrollen. Idealerweise kann der Bildschirm die Prozedur komplett darstellen.
- Die Aufteilung in kleinere Einheiten erleichtert den Überblick und die Navigation. Wenn Sie sich nur einen Prozedurnamen zu merken oder aufzuschreiben brauchen, ist das meistens leichter, als eine Reihe von Anweisungen und Variablen im Kopf zu behalten.
- Tief verschachtelte Schleifen und IF-ELSE-Blöcke lassen sich damit vermeiden.

**Aussagekräftige Programm-, Klassen-, Methoden-, Prozedur- und Parameternamen vergeben:**

- oft verwendete Abkürzungen dokumentieren,
- einheitliche Begriffe und Abkürzungen verwenden, die dem gesamten Team geläufig sind.

Aussagekräftige Namen und auch Kommentare sollen die Implementierung so detailliert beschreiben, dass sie von jedem Entwickler verstanden werden kann. Wofür wurde unser Programm konzipiert? Welchen Zweck erfüllt diese Prozedur? Mit welchen Werten sind die Eingabeparameter zu übergeben? Unter welchen Umständen werden Ausnahmen oder Fehlermeldungen geworfen? Die entsprechenden Antworten sollten wir den Namen bzw. Kommentaren entnehmen können.

Innerhalb von Prozeduren können Sie mit frei formulierten Kommentaren den Zweck Ihrer Anweisungen ausdrücken. Nach außen können Sie die für die Verwendung der Prozedur relevanten Informationen als *ABAP-Doc*-Kommentare bereitstellen. Listing 2.1 zeigt die Platzierung eines ABAP-Doc-Kommentars vor der entsprechenden Methodendefinition.

```
"! Liest alle Positionen (abgesagte und
"! nicht abgesagte Angebote).
"! @parameter angebots_nummern | Positionen dieser
"! Angebote werden gelesen
```

```
"! @parameter positionen | alle Strukturfelder
"! werden mit den Werten aus der Tabelle vbap
"! uebergeben

METHODS get_angebotspositionen
  IMPORTING
    angebots_nummern TYPE zangebots_kopfdaten
  EXPORTING
     positionen TYPE zangebots_positionen.
```

*Listing 2.1: Beschreibung einer Methode mit ABAP-Doc-Kommentaren*

Auf die Syntax der ABAP-Doc-Kommentare gehe ich nochmal detailliert in Abschnitt 3.3 ein.

Die verwendeten Namen sollten einer eindeutigen Terminologie folgen. Sie sollten sie daher sinnvollerweise mit den Prozesseigentümern und den Entwicklern abstimmen, damit die Terminologie in einem klaren Zusammenhang mit dem im Code abgebildeten Geschäftsprozess steht. APIs bzw. Bibliotheken, die technischer Natur sind (z. B. die RTTS[RunTime Type Services]-Klasse `cl_abap_typedescr`), können mit technischen Fachbegriffen beschrieben werden. Bei anwendungsspezifischen Quelltexten ist die Verwendung von Fachbegriffen, die dem Geschäftsprozess entlehnt wurden, oft aussagekräftiger als eine rein auf die technische Umsetzung fokussierte Terminologie.

**Aussagekräftige Namen: Tell don't ask**

Die Klasse `zangebote_abgesagt` enthält die Methode `get_angebotskopfdaten`. Aus technischer Sicht hätte ich diese Methode auch kurz `get_vbak` nennen können, da hier Datensätze aus der Tabelle `vbak` gelesen werden. Der Methodenname `get_vbak` wirft allerdings einige Fragen auf. Wenn Sie die Abkürzung vbak für »Vertriebsbelege Kopfdaten« nicht kennen, würden Sie sich sicherlich fragen: Was bedeutet vbak? Und selbst wenn Sie sie kennen, würden Sie sich vielleicht fragen, welche Vertriebsbelege aus der Tabelle `vbak` gelesen werden (Angebote, Kontrakte oder Aufträge).

**Versionsverwaltungswerkzeuge richtig nutzen:**

Änderungshinweise mit Autor und Datum in den einzelnen Zeilen erschweren nach vielen Modifikationen die Lesbarkeit und Verständlichkeit. Versionsverwaltungswerkzeuge dokumentieren bereits alle Änderungen mit Autor, Datum und den eingefügten, geänderten sowie gelöschten Zeilen.

- Das Versionsverwaltungswerkzeug der ABAP Workbench ist, wie in Abbildung 2.1 ersichtlich, über den Menüpfad HILFSMITTEL • VERSIONEN • VERSIONSVERWALTUNG zu erreichen. Bei der Freigabe eines Transportauftrages wird automatisch eine neue Version erzeugt. Die älteren Versionen gehen nicht verloren, wenn Sie auf Änderungshinweise im Code verzichten.
- Inzwischen gibt es auch Open-Source-Versionsverwaltungswerkzeuge wie *git®* (*https://git-scm.com*) und *abapGit* (*https://github.com/larshp/abapgit*), mit denen Sie die Änderungen im Source Code optimal nachvollziehen können. Beide Werkzeuge stelle ich in Abschnitt 6.1 detailliert vor.

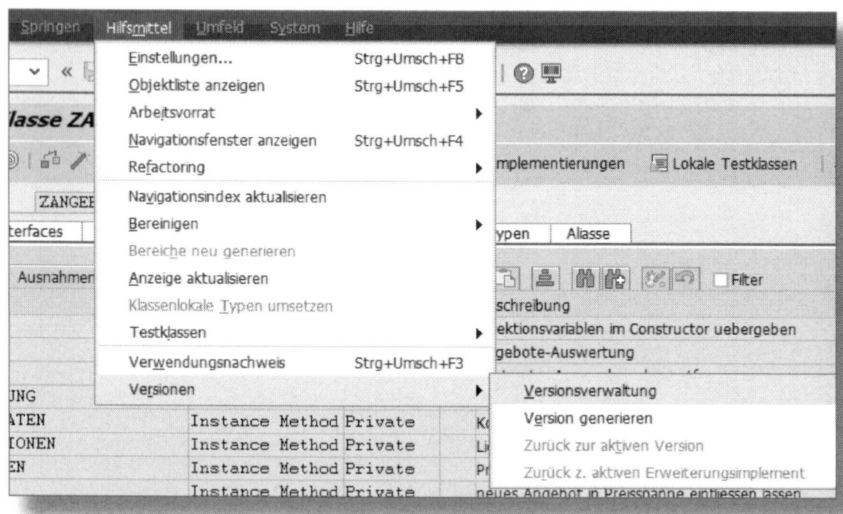


Abbildung 2.1: Versionsverwaltung in der ABAP Workbench

## 2.2 Technologieauswahl

Inzwischen stellt die SAP neben prozeduralem bzw. objektorientiertem ABAP eine Reihe von neuen Technologien zur Verfügung, unter anderem:

- ABAP CDS (ABAP Core Data Services)
- SAP RAP mit UI5 und Fiori
- SAP CAP

Zu Beginn eines Projektes stellt sich natürlich die Frage, mit welcher Technologie es implementiert werden soll bzw., bei einer größeren Überarbeitung, ob die bestehende Technologie beibehalten wird. Darum habe ich im Folgenden eine kleine Entscheidungshilfe zusammengestellt, welche Technologie sich für welchen Einsatzzweck eignet und welche Vorkenntnisse Sie bzw. die Projektentwickler mitbringen sollten.

- **ABAP CDS:** Geeignet für komplexe Datenbankabfragen, um Daten aus verschiedenen Tabellen zu kombinieren, zudem für Journale, Auswertungen und Schnittstellen für Business-Intelligence-Systeme sowie um Redundanzen zu vermeiden. Sie sollten SQL-Kenntnisse, beispielsweise über INNER JOIN und OUTER JOIN, mitbringen.
- **SAP RAP mit SAP UI5 und SAP Fiori:** Geeignet für Web-Applikationen mit vielfältigen Gestaltungsmöglichkeiten. Sie sollten Kenntnisse in JavaScript, XML, UI5 und dem Fiori Launchpad mitbringen.
- **SAP CAP:** Geeignet für Web-Applikationen mit separater Datenbank. Sie sollten Kenntnisse in JavaScript, Node.js, UI5 und dem Fiori Launchpad mitbringen.

Ziel der neuen Technologien ist es nicht, das klassische ABAP zu ersetzen, sondern es um Frameworks zu ergänzen, mit deren Hilfe sich wiederkehrende Anforderungen, die zuvor eine Implementierung als Einzelfalllösung nötig machten, effizienter bewältigen lassen. Zu beachten ist dabei, dass alle Technologien Kenntnisse der Materie voraussetzen und Stolperfallen für Anfänger bereithalten, sodass Sie sich mit der Technologie befassen sollten, bevor Sie diese produktiv einsetzen.

## 2.3 Trennen der Belange (Separation of Concerns)

Unter dem Begriff *Trennen der Belange* versteht man die Abgrenzung der Ein- und Ausgaben von der Anwendungslogik. Die Anwendungslogik enthält nur Operationen mit ABAP-Variablen und ist unabhängig von externen Ressourcen wie der Benutzerschnittstelle, der relationalen Datenbank oder dem Dateisystem. Praktisch umsetzen lässt sich dies, indem Sie, wie in den folgenden Abschnitten beschrieben, einzelne Prozeduren, Funktionsgruppen oder Klassen für die Anwendungslogik, die Benutzerschnittstelle und die SQL-Statements bzw. die Interaktion mit dem Dateisystem definieren.

### 2.3.1 SQL-Statements

SQL-Statements sollten an möglichst wenigen Stellen gebündelt werden (z. B. nur in eigenen Prozeduren oder hinter eigenen Interfaces).

Dies bringt Ihnen während der Entwicklungs- und Testphase einige Vorteile:

- Die SQL-Statements können Sie, wie in Abschnitt 4.6 dargestellt, durch *Testattrappen* ersetzen, auch wenn Ihr System keine Open-SQL-Testumgebung (Abschnitt 4.5) bereitstellt. Eine Testattrappe liefert immer dasselbe Resultat, auch wenn sich die Datensätze in der Datenbank ändern. Mit ihrer Hilfe können Sie einzelne Komponenten der Anwendungslogik isoliert testen.
- Die Anwendungslogik wird nicht so stark an das Datenbankschema gekoppelt. Schemaänderungen haben somit weniger Auswirkungen auf die Anwendungslogik.

**SQL-Statements im Codebeispiel »abgesagte Angebote«**

In der Klasse `zangebote_abgesagt` wurden die SQL-Statements in den folgenden Methoden gebündelt:

- in der Methode `get_angebotskopfdaten`, die die Kopfdaten der Angebote (Tabelle `vbak`) liest,
- in der Methode `get_texte`, die die Materialtexte und Kundennamen liest, sowie
- in der Methode `get_angebotspositionen`, die die einzelnen Positionen (Tabelle `vbap`) liest.

Die restlichen Methoden dieser Klasse enthalten die Anwendungslogik ohne SQL-Statements.

### 2.3.2 Präsentationslogik (User Interface)

Zum *User Interface* gehören alle Elemente, die direkt mit dem Benutzer interagieren (Dynpros, Table Controls, ALV Grids, Pop-ups, Meldungen mit der Anweisung `MESSAGE` usw.). Es spricht vieles dafür, das User Interface von der Anwendungslogik zu separieren. Dadurch gibt es bei Änderungen des User Interface weniger Seiteneffekte auf die Anwendungslogik und umgekehrt.

Der zweite Vorteil besteht darin, dass die Anwendungslogik auch von Hintergrundprogrammen genutzt werden kann.

Und es gibt sogar noch einen weiteren Vorteil: Sie können dem Benutzer dieselbe Anwendungslogik auf verschiedene Arten präsentieren – z. B. in der SAP GUI, im Web Dynpro oder als UI5-Applikation.

Mit der Trennung von User Interface, Anwendungslogik und SQL-Statements vermeiden Sie außerdem Dynpro-Wechsel zwischen zwei schreibenden SQL-Statements oder zwei Verbuchungsbausteinen.

Solch ein Dynpro-Wechsel schließt die Datenbank-LUW zu früh ab und durchbricht damit das Transaktionskonzept, auf das ich in Abschnitt 2.5 unter »COMMIT WORK-Anweisungen« näher eingehe.

Im Codebeispiel »abgesagte Angebote« wurde das User Interface im Report `zangebote_abgesagt` implementiert. Die Trennung von User Interface und Anwendungslogik wurde durch den Einsatz des Bausteines `REUSE_ALV_GRID_DISPLAY` sowie der Klasse `zangebote_abgesagt` erreicht, die die Daten in der Methode `get_angebote` passend aufbereitet. Wenn Sie sich den Report `zangebote_abgesagt` in Listing 2.2 genauer anschauen, entdecken Sie einen `TRY`-Block, der die klassenbasierte Ausnahme `zcx_angebot_abgesagt` auffängt. Diese Ausnahme wird in der Anwendungslogik geworfen und erst im `START-OF-SELECTION`-Ereignis mithilfe der Anweisung `MESSAGE not_found TYPE 'S'` in eine sichtbare Meldung umgewandelt. Das Verhalten der `MESSAGE`-Anweisung ist abhängig vom eingesetzten User Interface. Daher sollte sie streng genommen nicht in der Anwendungslogik, sondern erst im User Interface verwendet werden.

**Klassenbasierte Ausnahmen in der Anwendungslogik**

Verwenden Sie in der Anwendungslogik klassenbasierte Ausnahmen als Transportmittel für eine Fehlermeldung. Fangen Sie die Ausnahme erst im User Interface ab und wandeln Sie sie dort in eine für den Benutzer sichtbare Fehlermeldung um.

**Buchempfehlung**

Einen Leitfaden zur Implementierung von Ausnahmeklassen finden Sie im Buch »Schnelleinstieg in SAP ABAP Objects« (Deppe, Espresso Tutorials, 2., erweiterte Auflage 2017: *http://5194.espresso-tutorials.de*).

```
REPORT zangebote_abgesagt.

* <bestelldatum>, <kunde>, <artikel> nur fuer
* Selektionsoptionen notwendig
DATA: bestelldatum         TYPE bstdk,
      kunde                TYPE kunnr,
      artikel              TYPE matnr,
      summe_kunde_artikel TYPE
      zangebote_abgesagt=>out_summe_kunde_artikel,
      extraktor            TYPE REF TO zangebote_abgesagt.
SELECT-OPTIONS: bstdk FOR bestelldatum,
  kunnr FOR kunde,
  matnr FOR artikel.
PARAMETERS: layout TYPE slis_vari.

START-OF-SELECTION.
  DATA: variant        TYPE disvariant,
        structure_name TYPE tabname.

  CREATE OBJECT extraktor
    EXPORTING
      bestelldaten = bstdk[]
      kunden = kunnr[]
      artikel = matnr[].

  TRY.
      extraktor->get_angebote( IMPORTING
        summe_kunde_artikel = summe_kunde_artikel ).

      PERFORM get_structure_name CHANGING
        structure_name.
      variant-variant = layout.
      variant-report = sy-repid.
      CALL FUNCTION 'REUSE_ALV_GRID_DISPLAY'
        EXPORTING
          i_save = 'A'
          is_variant = variant
          i_structure_name = structure_name
```

```
        i_callback_program = variant-report
        i_callback_pf_status_set = 'SET_PF_STATUS'
        i_callback_user_command = 'USER_COMMAND'
      TABLES
        t_outtab =  summe_kunde_artikel.
  CATCH zcx_angebot_abgesagt INTO
    DATA(not_found).
    MESSAGE not_found TYPE 'S'.
ENDTRY.
```

*Listing 2.2: Auszug aus dem Report zangebote_abgesagt*

### MVC-Prinzip

Das *MVC-Prinzip* löst die Trennung von Anwendungslogik und User Interface durch die Einführung von drei Abstraktionsniveaus:

1. M für *Model*: stellt das Datenmodell und die Prozeduren der Anwendungslogik bereit,
2. V für *View*: enthält die Komponenten der Präsentationslogik,
3. C für *Controller*: das Bindeglied zwischen Anwendungslogik, Datenmodell und Präsentationslogik.

Jedes Abstraktionsniveau wird in einer separaten Klasse oder in einer separaten Funktionsgruppe implementiert.

Web-Dynpro-Applikationen werden nach dem MVC-Prinzip erstellt. Hierbei entspricht die *Assistenzklasse* dem Model und der *Componentcontroller* dem Controller. Den Componentcontroller verwenden Sie, um Attribute und Methoden bereitzustellen, die in allen Views zum Einsatz kommen. Die Methoden des Componentcontrollers delegieren die Aufrufe an die Assistenzklasse, während die Views nur die Präsentationslogik enthalten. Aufgabe eines Views ist es, auf Benutzeraktionen zu reagieren und die Aufrufe an die entsprechenden Methoden des Componentcontrollers bzw. der Assistenzklasse zu delegieren.

### 2.3.3 Single-Responsibility-Prinzip

Eng verwand mit dem Begriff Trennen der Belange ist das *Single-Responsibility-Prinzip*. Dieses Prinzip ist das erste der sogenannten *SOLID*-Prinzipien (siehe Anhang, Abschnitt 9.1). Prodezuren, die diesem Prinzip folgen, sollten im Sinne einer Arbeitsteilung nur für eine Teilaufgabe verantwortlich sein [2]. An einem Beispiel lässt sich dieses Prinzip verdeutlichen: Sie importieren Einkaufspreise Ihrer Lieferanten über eine HTTP-Schnittstelle in das SAP-System. Der Import besteht aus vier Teilaufgaben:

- Aufruf der HTTP-Schnittstelle,
- Mapping von Lieferantenmaterialnummern mit dem eigenen Materialstamm,
- Validierung der gemappten Daten und
- Verbuchung der Daten.

Um dem Single-Responsibility-Prinzip gerecht zu werden, implementieren Sie diese Teilaufgaben in separaten Prozeduren – so vermeiden Sie es, den Aufruf der HTTP-Schnittstelle, das Mapping, die Validierung und die Verbuchung miteinander zu vermischen. Müssen Sie die Validierung ändern, genügt es, die Validierungsprozedur zu ändern – der Aufruf der HTTP-Schnittstelle, das Mapping und die Verbuchung bleiben unangetastet.

Ziel des Single-Responsibility-Prinzips ist eine Arbeitsteilung zwischen den einzelnen Aufgaben. Ähnlich wie in realen Welt gibt es dabei einen »Manager« in Form einer Prozedur, einer Funktionsgruppe oder einer Klasse, der die Aufgaben an die einzelnen Prozeduren delegiert.

**Delegation in der Klasse zangebote_abgesagt**

Die öffentliche Methode `get_angebote` ruft die private Methode `get_angebotskopfdaten`. D. h., die Methode `get_angebote` »delegiert« den Aufruf an die Methode `get_angebotskopfdaten`.

## 2.4 Gestaltungsrichtlinien für Fortgeschrittene

In den letzten beiden Abschnitten haben Sie bereits einige einfache Gestaltungsrichtlinien kennengelernt. In diesem Abschnitt wende ich mich mit weiteren Grundsätzen insbesondere an fortgeschrittene Entwickler. Mithilfe dieser Richtlinien tun Sie sich bei Quelltextmodifikationen und -erweiterungen leichter, die bestehende Funktionalität Ihrer Algorithmen zu erhalten.

### 2.4.1 Open-Closed-Prinzip

Das *Open-Closed-Prinzip* ist das zweite der SOLID-Prinzipien. Es fordert, dass eine Klasse, eine Funktionsgruppe oder ein Programm offen für Erweiterungen gestaltet werden soll, ohne dass die Erweiterung die bestehende Funktionalität negativ beeinflusst [2].

Dieses Prinzip lässt sich mit kurzen Prozeduren leichter umsetzen. Als Beispiel soll der in Abschnitt 2.3.3 angesprochene Import dienen. Lieferant 1 stellt Ihnen die aktuellen Preise zur Verfügung, Lieferant 2 die aktuellen Preise und die Preisentwicklung der Vergangenheit. Bisher war der Import nur für Lieferant 1 implementiert, und Sie bekommen nun die Aufgabe, ihn auf Lieferant 2 zu erweitern. Importiert werden sollen dabei jeweils die aktuellen Preise. Haben Sie wie beschrieben vier einzelne Prozeduren für die einzelnen Aufgaben erstellt, genügt es, zwei weitere Prozeduren einzufügen: eine, um die HTTP-Schnittstelle von Lieferant 2 zu lesen, und die zweite, um die Preisentwicklung der Vergangenheit herauszufiltern. Das Mapping, die Validierung und die Verbuchung werden durch die zwei neuen Prozeduren nicht negativ beeinflusst. Wenn Sie die gesamte Funktionalität in einer einzigen Prozedur implementiert hätten, müssten Sie diese jetzt auseinandernehmen, neue IF-Blöcke, Flags etc. einfügen. Die bestehende Funktionalität zu erhalten ist damit deutlich schwieriger.

## 2.4.2 Klassenvererbung

Klassenvererbung spielt eine Rolle in der Objektorientierung. Eine Unterklasse erbt von einer abstrakten Oberklasse öffentliche und geschützte Attribute bzw. Methoden. Einzelne Methoden der Oberklasse können in der Unterklasse neu definiert werden. `Listing 2.3` zeigt, wie die Methoden und Attribute einer Oberklasse an eine Unterklasse vererbt werden.

```
"! Die abstrakte Oberklasse periode, die die Periode (Woche,
"! Monat, Buchungsperiode) bestimmt.
CLASS periode DEFINITION ABSTRACT.

  PUBLIC SECTION.

    TYPES: ty_periode(6) TYPE n.

    "! @parameter periode | Enthaelt Jahr (4-stellig),
    "! und Periode (2-stellig)
    METHODS get_periode_aus_datum ABSTRACT
      IMPORTING
        datum TYPE d
      RETURNING VALUE(periode) TYPE ty_periode.

ENDCLASS.

##NEEDED
CLASS periode IMPLEMENTATION.
ENDCLASS.

"! Die konkrete Unterklasse woche, die die Kalenderwoche
"! bestimmt.
CLASS woche DEFINITION INHERITING FROM periode.

  PUBLIC SECTION.

    METHODS get_periode_aus_datum REDEFINITION.

ENDCLASS.
```

```
CLASS woche IMPLEMENTATION.

  METHOD get_periode_aus_datum.
    DATA: woche TYPE scal-week.

    CALL FUNCTION 'DATE_GET_WEEK'
      EXPORTING
        date = datum
      IMPORTING
        week = woche.
    periode = woche.

  ENDMETHOD.

ENDCLASS.
```

*Listing 2.3: Beispielhafte Klassenvererbung*

Bei der Klassenvererbung sollten Sie das dritte SOLID-Prinzip, das *Liskovsche Substitutionsprinzip*, beherzigen. Dieses Prinzip fordert, dass die Oberklasse in allen ABAP-Objekten, die diese Oberklasse verwenden, ohne Funktionseinschränkung durch eine Unterklasse ersetzt werden kann [2].

D. h., eine neu definierte Methode in einer beliebigen Unterklasse sollte in denselben Situationen Ausnahmen werfen wie die entsprechende Methode der Oberklasse. Ebenso sollte der Wertebereich für Ausgabe- und Rückgabeparameter in der neu definierten Methode identisch zum Wertebereich des entsprechenden Methodenparameters in der Oberklasse sein.

Die Nichtbeachtung des Liskovschen Substitutionsprinzips hat oft ein unerwartetes Verhalten zur Folge, wie Listing 2.4 zeigt.

```
"! Die Klasse monat verletzt das
"! Liskovsche Substitutionsprinzip.
"! Anstatt Jahr und Monat in der Methode
"! get_periode_aus_datum zu uebergeben, wird nur der Monat
"! uebergeben.
```

```
CLASS monat DEFINITION INHERITING FROM periode.

  PUBLIC SECTION.

    METHODS get_periode_aus_datum REDEFINITION.

ENDCLASS.

CLASS monat IMPLEMENTATION.

  METHOD get_periode_aus_datum.

    periode = datum+4(2).

  ENDMETHOD.

ENDCLASS.

START-OF-SELECTION.

  DATA per TYPE REF TO periode.

  CREATE OBJECT per TYPE monat.

  " Wenn jetzt nicht direkt ersichtlich ist, dass die
  " Objektreferenzvariable per mit der Unterklasse monat
  " instanziiert wurde, wuerden Sie erwarten, dass
  " die Periode ohne das Jahr ausgegeben wird?
  WRITE per->get_periode_aus_datum( datum = '20190110' ).
```

*Listing 2.4: Beispiel für die Verletzung des Liskovschen Substitutionsprinzips*

### 2.4.3 Interface-Segregation-Prinzip

Das Interface-Segregation-Prinzip ist das vierte im Bunde der SOLID-Prinzipien. Es besagt: Je weniger Implementierungsdetails innerhalb der Delegation eine Rolle spielen, desto leichter gestalten sich spätere

Modifikationen [3]. Bei dem Beispiel aus Abschnitt 2.3.3 könnten Sie der Prozedur (Methode `fetch_supplier_prices`), die die HTTP-Schnittstelle aufruft, Benutzername und Password als Parameter mitgeben (Listing 2.5).

```
CLASS price_importer DEFINITION.

  PUBLIC SECTION.

    METHODS import_prices
      IMPORTING
        username TYPE string
        password TYPE string.

  PRIVATE SECTION.

    METHODS fetch_supplier_prices
      IMPORTING
        username TYPE string
        password TYPE string
      EXPORTING
        supplier_prices TYPE zsupplier_prices.

    METHODS map_material_nos
      CHANGING
        supplier_prices TYPE zsupplier_prices.

ENDCLASS.

CLASS price_importer IMPLEMENTATION.

  METHOD import_prices.

    fetch_supplier_prices(
      EXPORTING
        username = username
        password = password
      IMPORTING
        supplier_prices = DATA(supplier_prices) ).
```

```
    map_material_nos(
      CHANGING
        supplier_nos = supplier_nos ).

  ENDMETHOD.

ENDCLASS.
```

*Listing 2.5: Delegation mit Implementierungsdetails*

Wenn die HTTP-Schnittstelle jetzt von Authentifizierung mittels Benutzer/Password auf Token-basierte Authentifizierung umgestellt wird, müssen Sie Änderungen an der Methode `fetch_supplier_prices` und an der Methode `import_prices` durchführen. Die Authentifizierungsmethode ist ein Implementierungsdetail, und wenn Sie dieses Detail mit dem Interface aus Listing 2.6 kapseln und der Methode `fetch_supplier_prices` nur noch das Interface mitgeben, spielt die genaue Authentifizierungsmethode beim Aufruf der Methode `fetch_supplier_prices` keine Rolle mehr (Listing 2.7).

```
INTERFACE zhttp_authenticator PUBLIC.

  METHODS get_authentication_header
    RETURNING
      VALUE(result) TYPE string.

ENDINTERFACE.
```

*Listing 2.6: Interface zur HTTP-Authentifizierung*

```
CLASS price_importer DEFINITION.

  PUBLIC SECTION.

    METHODS import_prices
      IMPORTING
        http_authenticator TYPE REF TO zhttp_authenticator.
```

```
  PRIVATE SECTION.

    METHODS fetch_supplier_prices
      IMPORTING
        http_authenticator TYPE REF TO zhttp_authenticator
      EXPORTING
        supplier_prices    TYPE zsupplier_prices.

ENDCLASS.

CLASS price_importer IMPLEMENTATION.

  METHOD import_prices.

    fetch_supplier_prices(
      EXPORTING
        http_authenticator = http_authenticator
      IMPORTING
        supplier_prices    = DATA(supplier_prices) ).

    map_material_nos(
      CHANGING
        supplier_nos = supplier_nos ).

  ENDMETHOD.

ENDCLASS.
```

*Listing 2.7: Delegation ohne Implementierungsdetails*

### 2.4.4 Dependency-Inversion-Prinzip

Das *Dependency-Inversion-Prinzip* als fünftes und letztes der SOLID-Prinzipien fordert, die Kopplung innerhalb einer Klient-Serviceklassen-Beziehung auf ein Minimum zu reduzieren – etwa indem der Klient (der Programmteil, der die Klasse aufruft) nur über Interfaces in Beziehung zur Serviceklasse steht [2]. Das hat den Vorteil, dass der Klient nichts über die Implementierung der Serviceklasse wissen muss und die Serviceklasse unabhängig vom Klienten bleibt. Ereignisse, die die Serviceklasse an den Klienten delegieren möchte, können in der Serviceklasse mit der Anweisung `raise event` ausgelöst werden. Diese Möglichkeit wurde beispielsweise in der Klasse `cl_gui_alv_grid` genutzt.

## 2.5 ABAP-spezifische Aspekte

Die vorhergehenden Abschnitte behandelten vor allem allgemeingültige Aspekte, die Sie auch in anderen Programmiersprachen anwenden können. In diesem Abschnitt will ich Ihnen noch einige ABAP-spezifische Aspekte erläutern, die zu einer stabilen Implementierung beitragen.

> **Clean ABAP-Code**
>
> Die SAP hat ihren Leitfaden für die Entwicklung von Clean ABAP-Code im Repository *https://github.com/SAP/styleguides* veröffentlicht.

Ergänzend zu diesem Leitfaden möchte ich Ihnen in den nächsten Abschnitten einige Aspekte detailliert erläutern.

### Initialisierung von Ausgabeparametern

Der Wert eines Ausgabeparameters entspricht zu Beginn der Prozedur dem Wert des Aktualparameters. Ausgabeparameter, die per **Referenz** übergeben werden, sollten zu diesem Zeitpunkt mit der Anweisung `CLEAR` initialisiert werden, damit der Wert des Parameters nach Ablauf der Prozedur unabhängig vom vorherigen Wert des Aktualparameters ist. Ausgabeparameter, die per **Wert** übergeben werden, brauchen Sie nicht noch einmal explizit mit der Anweisung `CLEAR` initialisieren. Dies übernimmt für Sie bereits die ABAP-Laufzeitumgebung.

Listing 2.8 zeigt die korrekte Initialisierung von Ausgabeparametern. Die Aktualparameter `per_referenz` und `per_wert` in der Methode `ausgabe` enthalten in beiden Durchläufen der DO-Schleife eine Zeile mit dem Wert »Referenzübergabe« bzw. »Wertübergabe«. Ohne diese Initialisierung würde der Aktualparameter `per_referenz` in dieser Methode im ersten Durchlauf der DO-Schleife eine Zeile mit dem Wert »Referenzübergabe« und im zweiten Durchlauf zwei Zeilen mit dem Wert »Referenzübergabe« enthalten.

```
CLASS ausgabeparameter DEFINITION.

  PUBLIC SECTION.

    CLASS-METHODS ausgabe.

  PRIVATE SECTION.

    CLASS-METHODS initialisieren
      EXPORTING
        per_referenz TYPE string_table
        VALUE(per_wert) TYPE string_table.

ENDCLASS.

CLASS ausgabeparameter IMPLEMENTATION.

  METHOD ausgabe.
    DATA: per_referenz TYPE string_table,
          per_wert TYPE string_table.

    DO 2 TIMES.
      WRITE: 'Durchlauf', sy-index. NEW-LINE.
      initialisieren( IMPORTING per_referenz = per_referenz
        per_wert = per_wert ).
      LOOP AT per_referenz INTO DATA(row).
        WRITE row. NEW-LINE.
      ENDLOOP.
      LOOP AT per_wert INTO row.
        WRITE row. NEW-LINE.
      ENDLOOP.
    ENDDO.
```

```
  ENDMETHOD.

  METHOD initialisieren.

    CLEAR: per_referenz.

    APPEND 'Referenzuebergabe' TO per_referenz.
    APPEND 'Wertuebergabe' TO per_wert.

  ENDMETHOD.

ENDCLASS.
```

*Listing 2.8: Initialisierung von Ausgabeparametern*

Wünschen Sie eine explizite Übernahme des vorhandenen Aktualparameterwertes, sollten Sie den Parameter in einen änderbaren Parameter (`CHANGING`) umwandeln.

### Feld-Symbole und Referenzen auf Zeilen einer internen Tabelle

Feld-Symbole bzw. Referenzen, die auf Zeilen einer sortierten oder einer gehashten Tabelle verweisen, können nur bedingt geändert werden. Die Felder des Primärschlüssels sind nicht modifizierbar.

Stellt das Feld-Symbol bzw. die Referenz den Aktualparameter eines änderbaren Methodenparameters dar, werden alle Felder bei Abschluss der Methode überschrieben. Selbst Felder, deren Wert Sie in der Methodenimplementierung nicht modifizieren, werden mit demselben Wert überschrieben. Listing 2.9 zeigt eine Situation, in der das Programm aufgrund des eben beschriebenen Verhaltens immer mit einem Dump abbrechen wird. In der Methode `set_type` wird nur das Feld `planetype` explizit überschrieben, das nicht Bestandteil des Primärschlüssels ist. Trotzdem bricht das Programm mit einem Dump ab, da die Felder `carrid`, `connid` und `fldate` bei Abschluss der Methode `set_type` mit demselben Wert überschrieben werden.

```
REPORT ZTEST_PRIMARY_KEY.

DATA: fluege TYPE HASHED TABLE OF sflight
      WITH UNIQUE KEY carrid connid fldate.

CLASS plane DEFINITION.

  PUBLIC SECTION.

    CLASS-METHODS set_type
      CHANGING flug TYPE sflight.

ENDCLASS.

CLASS plane IMPLEMENTATION.

  METHOD set_type.
    flug-planetype = 'A350'.
  ENDMETHOD.

ENDCLASS.

START-OF-SELECTION.

  fluege = VALUE #(
  ( carrid = 'LH ' connid = '2097' fldate = '20190304' ) ).

  LOOP AT fluege ASSIGNING FIELD-SYMBOL(<flug>).
    plane=>set_type( CHANGING flug = <flug> ).
  ENDLOOP.
```

*Listing 2.9: Implizites Überschreiben der Primärschlüsselfelder einer internen Tabelle*

Im Umkehrschluss folgt daraus, dass Sie nicht ohne Weiteres neue Felder in den Primärschlüssel einer sortierten oder gehashten Tabelle aufnehmen können. Greifen Sie über Feld-Symbole oder Referenzen auf die Zeilen der internen Tabelle zu, darf Ihre Programmlogik den

Wert des neu zum Primärschlüssel hinzugekommenen Feldes nicht modifizieren. Andernfalls bricht Ihr Programm mit einem Dump ab.

### Systemfelder

*Systemfelder* werden in jedem ABAP-Programm über die Struktur `sy` bereitgestellt. Die ABAP-Laufzeitumgebung setzt diese Systemfelder selbstständig. Sie sollten daher vom Anwendungsentwickler nicht modifiziert werden.

**! Kontextabhängigkeit beachten**

Systemfelder behalten nur solange ihren Wert, bis die nächste Anweisung sie überschreibt. Sie sind somit kontextabhängig.

**! Systemfelder als Aktualparameter übergeben**

Sie sollten Systemfelder nur als Aktualparameter übergeben, wenn der Formalparameter mit Wertübergabe deklariert wurde. Übergeben Sie Systemfelder niemals per Referenz!

Die Kontextabhängigkeit wird anhand des Systemfeldes `sy-tabix` verdeutlicht. Dieses Feld behält seinen Wert in einer `LOOP`-Schleife nur so lange, bis eine andere Anweisung, die lesend oder schreibend auf eine interne Tabelle zugreift, `sy-tabix` überschreibt.

Listing 2.10 stellt eine Situation dar, wie `sy-tabix` nicht verwendet werden sollte. In der `LOOP`-Schleife wird geprüft, ob der Flug bereits ausgebucht ist, und falls ja, soll das Programm diesen Flug aus der internen Tabelle `flights` löschen. Gerade für Anfänger ist schwer erkennbar, dass sich der Code in Listing 2.10 anders verhält, als es gerade eben beschrieben wurde. In der dort verwendeten `LOOP`-Schleife modifiziert die `READ TABLE`-Anweisung `sy-tabix`, sodass `sy-tabix` den Indexwert der internen Tabelle `flights_fully_booked` darstellt. In der anschließenden `IF`-Anweisung wird allerdings weiterhin davon ausgegangen, dass sy-tabix wie zu Beginn der LOOP-Schleife den Indexwert der internen Tabelle flights darstellt.

```
LOOP AT flights ASSIGNING <flight>.

  " Ausgebuchte Fluege aus Tabelle flights loeschen
  READ TABLE flights_fully_booked TRANSPORTING NO FIELDS
    WITH KEY carrid = <flight>-carrid
    connid = <flight>-connid
    fldate = <flight>-fldate.
  IF sy-subrc = 0.

    " Flug <flight> ist ausgebucht.
    " Aus Tabelle flights loeschen.
    " Die READ Table Anweisung hat jetzt bereits sy-tabix
    " ueberschrieben. Sy-tabix verweist nicht mehr auf die
    " Tabellenzeile, zur der das
    " Feld-Symbol <flight> gehoert
    DELETE flights INDEX sy-tabix.

  ENDIF.

ENDLOOP.
```

*Listing 2.10: Überschreiben des Tabellenindexes sy-tabix in einer LOOP-Schleife*

Listing 2.11 enthält ein Beispiel, wie der Tabellenindex sy-tabix im gesamten Anweisungsblock der LOOP-Schleife beibehalten werden kann. Der Code in Listing 2.11 löscht jetzt tatsächlich nur noch Flüge aus der internen Tabelle flights, die bereits ausgebucht wurden.

```
DATA flights_tabix TYPE i.

LOOP AT flights ASSIGNING <flight>.

  " Kopie Tabellenindex in lokale Variable.
  " Die naechste Anweisung, die sy-tabix aendert,
  " veraendert die lokale Variable nicht mehr
  flights_tabix = sy-tabix.
```

```
  " Ausgebuchte Fluege aus Tabelle flights loeschen
  READ TABLE flights_fully_booked TRANSPORTING NO FIELDS
    WITH KEY carrid = <flight>-carrid
    connid = <flight>-connid
    fldate = <flight>-fldate.
  IF sy-subrc = 0.
    " Flug ist ausgebucht. Aus Tabelle flights loeschen
    DELETE flights INDEX flights_tabix.
  ENDIF.

ENDLOOP.
```

*Listing 2.11: Beibehaltung des Tabellenindexes sy-tabix durch Kopie an lokale Variable*

Beachten Sie auch bei einer Quelltextmodifikation den Kontext der einzelnen Systemfelder. Durch eine Modifikation können Sie leicht aus Versehen deren Kontext verändern.

Neben dem Systemfeld `sy-tabix` spielt das Systemfeld `sy-subrc` für die Programmablaufsteuerung eine wichtige Rolle. Jede Prüfung von `sy-subrc` erhöht die Wahrscheinlichkeit, Programmierfehler in der Testphase zu finden.

Wenn eine Anweisung immer erfolgreich verläuft und damit `sy-subrc` nach dieser Anweisung immer null ist, setze ich gerne `ASSERT`-Bedingungen ein, wie in Listing 2.12 gezeigt wird. Darin wurde durch die Programmlogik bereits sichergestellt, dass die Struktur `flight` nur Datensätze aus der Tabelle `sflight` enthalten kann. Wird diese Voraussetzung aus irgendeinem Grund nicht erfüllt, bricht das Programm bereits beim Test mit einem Dump ab. D. h., der Dump gibt Aufschluss darüber, ob die Implementierung Programmierfehler enthält.

```
UPDATE sflight FROM flight.
ASSERT sy-subrc = 0.
```

*Listing 2.12: ASSERT-Bedingung, wenn der Rückgabewert sy-subrc immer null ist*

> **! Rückgabewert sy-subrc prüfen**
>
> Verwenden Sie explizite Prüfungen des Rückgabewertes `sy-subrc`, auch wenn dieser Rückgabewert immer null ist.

### Early Returns

Unter dem Begriff *Early Returns* versteht man das vorzeitige Verlassen einer Prozedur. Early Returns können mit den Anweisungen `CHECK`, `EXIT` und `RETURN` implementiert werden.

Early Returns, die mit den Anweisungen `CHECK` oder `EXIT` implementiert wurden, sind besonders kritisch, da beide nur den aktuellen Anweisungsblock verlassen. Wird der Anweisungsblock aus einem anderen Kontext heraus gerufen, wird damit auch die Prozedur nicht mehr verlassen wie zuvor. Listing 2.13 zeigt die Kontextabhängigkeit der `EXIT`-Anweisung.

```
* Prozedur exit_form wird vorzeitig verlassen, sobald a < 5
* ist.
FORM early_return_form USING a TYPE i.

  IF a < 5.
    WRITE 'exit procedure'.
    EXIT.
  ENDIF.
  WRITE a.

ENDFORM.

* Prozedur exit_do wird nicht vorzeitig verlassen. Nur die
* DO Schleife wird vorzeitig verlassen, wenn a < 5 ist.
FORM exit_do USING a TYPE i.

  DO 5 TIMES.
    IF a < sy-index.
      WRITE 'exit loop'.
```

```
      EXIT.
    ENDIF.
  ENDDO.
  WRITE a.

ENDFORM.
```

*Listing 2.13: Kontextabhängigkeit der EXIT-Anweisung*

In diesem Zusammenhang sind auch Aufräumarbeiten zu nennen, die normalerweise am Ende einer Prozedur durchgeführt werden, wie das Schließen eines Datenbankcursors oder einer Datei –auch sie dürfen beim vorzeitigen Verlassen der Prozedur nicht vergessen werden.

**! RETURN-Anweisung präferieren**

Verwenden Sie nur noch die Anweisung `RETURN`, um eine Prozedur vorzeitig zu verlassen. Vergessen Sie dabei nicht die notwendigen Aufräumarbeiten.

### COMMIT WORK-Anweisungen

Eines der Grundprinzipien des SAP-Systems ist das *Transaktionskonzept*. Auf Datenbankebene bedeutet dies, dass die Änderungen, die durch die schreibenden SQL-Statements verursacht wurden, erst bei Abschluss der *Datenbank-LUW* (Datenbanktransaktion) oder *SAP-LUW* im gesamten System wirksam werden.

**Datenbank-LUW und SAP-LUW**

Als Datenbank-LUW wird eine Sammlung von schreibenden SQL-Statements verstanden, die bei Abschluss endgültig festgeschrieben werden. Die SAP-LUW ergänzt die Datenbank-LUW noch um die Verbuchungsbausteine. Den Abschluss der SAP-LUW und damit den Abschluss der Datenbank-LUW legen Sie mit den Anweisungen `COMMIT WORK`, `COMMIT WORK AND WAIT` oder `ROLLBACK WORK` fest. Die Datenbank-LUW brauchen Sie nicht durch Programmanweisungen zu schließen. Bei Abschluss eines Dialogschrittes (Dynpro-Wechsel), bei Aufruf eines RFC-Funktionsbausteines in einem neuen Work-Prozess und bei einigen weiteren Ereignissen schließt das SAP-System die Datenbank-LUW automatisch. Allerdings bewirkt der Abschluss der Datenbank-LUW nicht die Ausführung der Verbuchungsbausteine. Dazu muss die SAP-LUW abgeschlossen werden.

Zwischen der Ausführung des schreibenden SQL-Statements und Abschluss der Datenbank-LUW sind die Änderungen temporär und können mit der `ROLLBACK WORK`-Anweisung wieder rückgängig gemacht werden. Bricht das Programm zwischen zwei schreibenden SQL-Statements mit einem Dump ab, wird die `ROLLBACK WORK`-Anweisung automatisch gerufen. Sie macht alle temporären Datenbankänderungen rückgängig.

Nach einem Systemcrash ist es Aufgabe des Datenbankadministrators, die temporären Änderungen rückgängig zu machen. Die Datenbank bleibt so in einem konsistenten Zustand, d. h. ohne Belege, die nur teilweise in die entsprechenden Datenbanktabellen geschrieben wurden.

Wird eine `COMMIT WORK`-Anweisung wie in Listing 2.14 zwischen zwei schreibenden SQL-Statements ausgeführt, kann das SAP-System die SQL-Statements nicht mehr vollständig mit der `ROLLBACK WORK`-Anweisung zurücknehmen. Tritt ein nicht abfangbarer Laufzeitfehler oder ein Systemcrash nach der `COMMIT WORK`-Anweisung und vor der `INSERT`-Anweisung auf, werden die gelöschten Sätze aus der internen Tabelle `flights_to_delete` nicht wiederhergestellt.

Listing 2.15 zeigt die richtige Platzierung der `COMMIT WORK`-Anweisung. Tritt jetzt zwischen der `DELETE`- und der `INSERT`-Anweisung ein nicht abfangbarer Laufzeitfehler oder ein Systemcrash auf, lassen sich die gelöschten Sätze wiederherstellen.

```
FORM update.

  DELETE sflight FROM TABLE flights_to_delete.
  COMMIT WORK.

  INSERT sflight FROM TABLE flights_to_insert.

ENDFORM.
```

*Listing 2.14: Falsche Platzierung der COMMIT WORK-Anweisung*

```
FORM update.

  DELETE sflight FROM TABLE flights_to_delete.
  INSERT sflight FROM TABLE flights_to_insert.

  COMMIT WORK.

ENDFORM.
```

*Listing 2.15: Richtige Platzierung der COMMIT WORK-Anweisung*

**! Positionierung von COMMIT WORK-Anweisungen**

Platzieren Sie `COMMIT WORK`-Anweisungen erst nach allen schreibenden SQL-Statements bzw. Verbuchungsbausteinen. Vermeiden Sie zudem den automatischen Abschluss der Datenbank-LUW zwischen schreibenden SQL-Statements oder zwischen Verbuchungsbausteinen.

### Ausnahmebehandlung

Sie sollten immer auf Ausnahmen reagieren; entweder indem Sie diese in der Schnittstelle propagieren oder abfangen. Eine abgefangene Ausnahme erfordert immer eine Ausnahmebehandlung. Falls die Ausnahme keinem erkennbaren Grund zuzuordnen ist, sollte sie zumindest protokolliert werden. Die Funktionsgruppe `sbal` liefert hierfür eine praktische Schnittstelle.

In meinen Entwicklungen habe ich die Ausnahmen immer in drei Kategorien aufgeteilt:

1. **Nicht vermeidbare Ausnahmen** = Ausnahmen, die der Benutzer, aber nicht der Programmierer vermeiden kann: In diese Kategorie fallen Ausnahmen aufgrund von ungültigen Eingaben, fehlenden Stammdaten usw. Hier genügt es, dem Benutzer den Ausnahmetext als Fehlermeldung anzuzeigen. Abgefangen werden diese Ausnahmen erst im User Interface. Der Ausnahmetext ist in der Weise aussagekräftig zu wählen, dass der Benutzer den Fehler selbst beheben kann. Klassenbasierte Ausnahmen erben in dieser Kategorie ausschließlich von der Oberklasse `cx_static_check`. Bei Bedarf können die Ausnahmen protokolliert werden.

2. **Vermeidbare Ausnahmen** = Ursache sind Programmierfehler: Diese Ausnahmen sollten am besten einen Laufzeitfehler erzeugen, damit der Programmierfehler während der Testphase direkt auffällt. D. h., vermeidbare Ausnahmen werden nicht abgefangen und auch nicht weiter in der Schnittstelle propagiert. Klassenbasierte Ausnahmen in dieser Kategorie erben ausschließlich von den Klassen `cx_dynamic_check` oder `cx_no_check`. Wo sinnvoll, wird zudem eine `ASSERT`-Bedingung implementiert, um direkt auf den Programmierfehler aufmerksam zu machen.

3. **Allgemeine Ausnahmen** = auf sie kann in der Programmlogik mit einem Plan B reagiert werden: Die Ausnahmenbehandlung sorgt dafür, dass das Programm nicht unterbrochen werden muss und weiterhin in einem konsistenten Zustand läuft.

### Dynamische Anweisungen

*Dynamische Anweisungen* ermöglichen eine große Flexibilität, erschweren dafür aber die Nachvollziehbarkeit des Source Codes. Unit-Tests, wie Sie in Abschnitt 4.2 beschrieben werden, können die bei dynamischen Anweisungen fehlenden Compiler-Prüfungen ersetzen. Daneben bieten Unit-Tests eine gute Dokumentation.

> **! Code mit dynamischen Anweisungen**
>
> Achten Sie darauf, dynamische Anweisungen mit Unit-Tests zu erfassen. Dokumentieren Sie dynamische Anweisungen möglichst umfangreich.

Wird beispielsweise ein Parameter mit dem Typ `any` in der Schnittstelle deklariert, sollte die Dokumentation Aufschluss darüber geben, ob es sich um eine einzelne Variable, eine Struktur oder eine interne Tabelle handelt.

### SELECT – FOR ALL ENTRIES IN

Bei SELECT-Statements mit FOR ALL ENTRIES IN entfernt der AS ABAP doppelt vorkommende Zeilen aus der Ergebnismenge. D. h., Sie sollten immer den Primärschlüssel vollständig in die Selektionsliste aufnehmen. Listing 2.16 stellt ein Negativbeispiel dar, bei dem Flüge mit gleichem Flugdatum und Preis nur einmal in der internen Tabelle `flights` vorkommen.

```
SELECT carrid, connid FROM spfli
  WHERE airpfrom = 'JFK' AND airpto = 'SFO'
  INTO TABLE @DATA(connections).

SELECT fldate, price FROM sflight
  FOR ALL ENTRIES IN @connections
  WHERE carrid = @connections-carrid
  AND connid = @connections-connid
  INTO TABLE @DATA(flights).
```

*Listing 2.16: SELECT – FOR ALL ENTRIES IN – Negativbeispiel*

Listing 2.17 stellt ein Positivbeispiel dar, bei der der gesamte Primärschlüssel in der Selektionsliste enthalten ist. In der internen Tabelle `flights` sind alle Flüge vorhanden, auch wenn Flugdatum und Preis mehrfach vorkommen.

```
SELECT carrid, connid FROM spfli
  WHERE airpfrom = 'JFK' AND airpto = 'SFO'
  INTO TABLE @DATA(connections).

SELECT carrid, connid, fldate, price FROM sflight
  FOR ALL ENTRIES IN @connections
  WHERE carrid = @connections-carrid
  AND connid = @connections-connid
  INTO TABLE @DATA(flights).
```

*Listing 2.17: SELECT – FOR ALL ENTRIES IN – Positivbeispiel*

**Implizite Konvertierungen**

Implizite Konvertierungen treten in IF-Bedingungen auf, wenn ein zeichenartiger Typ gegen einen numerischen Typ verglichen wird (Listing 2.18). Intern versucht der AS ABAP die Zeichen als Zahl zu interpretieren.

```
PARAMETERS:
  char(1) TYPE c.

START-OF-SELECTION.

IF char = 1.
  WRITE '1'.
ENDIF.
```

*Listing 2.18: Implizite Konvertierung – Negativbeispiel*

Solange Sie dem `char`-Parameter einen numerischen Wert mitgeben, stellt die implizite Konvertierung kein Problem dar. Anders sieht es bei Buchstaben aus. Hier kommt es zum Laufzeitfehler CONVT_NO_NUMBER: char ist nicht als Zahl interpretierbar. In der Praxis ist mir dieses Problem bei Domänenfestwerten begegnet, die wie in Listing 2.18 einen zeichenartigen Typ besitzen und gegen einen numerischen Typ verglichen wurden. Sobald die Domänenfestwerte um Buchstaben erweitert wurden, kam es zum besagten Laufzeitfehler.

Vermeiden lassen sich implizite Konvertierungen durch die Definition von Konstanten mit dem passenden Typ – wie in Listing 2.19.

```
PARAMETERS:
  char(1) TYPE c.

START-OF-SELECTION.
  CONSTANTS:
    one(1) TYPE c VALUE '1'.

IF char = one.
  WRITE '1'.
ENDIF.
```

*Listing 2.19: Vermeidung von impliziten Konvertierungen*

**Interne Tabellen – Unterschied zwischen direkter Zuweisung und MOVE-CORRESPONDING**

Im Vergleich zu `MOVE-CORRESPONDING` kopiert eine direkte Zuweisung mit = bzw. mit der obsoleten Anweisung `MOVE ... TO ...` nicht die einzelnen Komponenten, sondern die gesamte Tabellenzeile und füllt diese in die Zielstruktur bzw. in das Zielelement.

Listing 2.20 zeigt eine Konstellation, bei der dieses Verhalten zu Problemen führen kann.

```
TYPES:
  large_range_type TYPE RANGE OF char100,
  small_range_type TYPE RANGE OF char4.
DATA:
  large_range TYPE large_range_type,
  small_range TYPE small_range_type.

small_range = VALUE #(
  ( sign = 'I' option = 'BT' low = '4444' high = '5555' ) ).
large_range = small_range.
```

*Listing 2.20: Problematische Zuweisung*

Nach der direkten Zuweisung enthält die interne Tabelle `large_range` eine Tabellenzeile mit den Werten aus Tabelle 2.1.

| SIGN | I |
|---|---|
| OPTION | EQ |
| LOW | 44445555 |
| HIGH | (leer) |

*Tabelle 2.1: Ergebnis der direkten Zuweisung*

Daher empfiehlt es sich, bei Tabellen mit ähnlichen Zeilentypen die MOVE-CORRESPONDING-Anweisung anstatt der direkten Zuweisung zu verwenden.

### Zeichenketten in Iterationsausdrücken

Deklarieren Sie wie in Listing 2.21 eine leere Zeichenkette in der `INIT`-Anweisung, ist das Resultat eine Zeichenkette mit einem Zeichen. Der AS ABAP hängt nicht wie erwartet alle Einträge in der `words`-Tabelle aneinander.

```
DATA:
  words TYPE TABLE OF string.

APPEND 'Hello' TO words.
APPEND 'World' TO words.

DATA(sentence) = REDUCE string(
  INIT text = '' FOR <word> IN words
  NEXT text = text && <word> ).
WRITE sentence.
```

*Listing 2.21: Iterationsausdruck mit unerwartetem Verhalten*

Deklarieren Sie wie in Listing 2.22 eine Dummy-Konstante und weisen Sie der Hilfsvariable `text` die Dummy-Konstante zu, verhält sich der Iterationsausdruck wie erwartet.

```
CONSTANTS:
  dummy_text TYPE string VALUE IS INITIAL.
DATA:
  words TYPE TABLE OF string.

APPEND 'Hello' TO words.
APPEND 'World' TO words.

DATA(sentence) = REDUCE string(
  INIT text = dummy_text FOR <word> IN words
  NEXT text = text && <word> ).
WRITE sentence.
```

*Listing 2.22: Iterationsausdruck mit erwartetem Verhalten*

#### Numerische Werte in Iterationsausdrücken

Bei Bildung der Summe mit dem `REDUCE`-Ausdruck führt die Angabe `sum = 0` in der `INIT`-Anweisung (Listing 2.23) dazu, dass die einzelnen Komponenten auf natürliche Zahlen gerundet werden. Listing 2.23 gibt 2 anstatt 1 als Summe aus, da 0,5 jeweils auf 1 gerundet wird.

```
DATA:
  numbers TYPE TABLE OF menge_d.

APPEND '0.5' TO numbers.
APPEND '0.5' TO numbers.

DATA(_sum) = REDUCE menge_d(
  INIT sum = 0 FOR <n> IN numbers NEXT sum = sum + <n> ).

WRITE _sum.
```

*Listing 2.23: Rundung in Iterationsausdrücken*

Analog wie im letzten Abschnitt besprochen, ist es besser, wie in Listing 2.24 eine Dummy-Konstante zu definieren und die Hilfsvariable `sum` mit der Dummy-Konstanten zu initialisieren. Dann findet keine Rundung auf natürliche Zahlen statt.

```
CONSTANTS:
  dummy_quantity TYPE menge_d VALUE IS INITIAL.
DATA:
  numbers TYPE TABLE OF menge_d.

APPEND '0.5' TO numbers.
APPEND '0.5' TO numbers.

DATA(_sum) = REDUCE menge_d(
  INIT sum = dummy_quantity FOR <n> IN numbers
  NEXT sum = sum + <n> ).

WRITE _sum.
```

*Listing 2.24: Iterationsausdruck mit Dummy-Konstante*

### Ressourcenlimits

Wenn Sie in einer Sitzung viele Dateien oder HTTP-Verbindungen öffnen, gilt es Ressourcenlimits zu beachten. Dateien, die Sie mit der `OPEN DATASET`-Anweisung öffnen, müssen Sie wieder mit der Anweisung `CLOSE DATASET` schließen. Gleiches gilt für HTTP-Verbindungen, die Sie mit der Klasse CL_HTTP_CLIENT öffnen (Listing 2.25). Die HTTP-Verbindung schließen Sie wieder mit der `CLOSE`-Methode.

```
  cl_http_client=>create_by_url(
  EXPORTING
    url = 'https://espresso-tutorials.com'
  IMPORTING
    client = DATA(http_client) ).

  http_client->send(
    EXCEPTIONS
      OTHERS = 4 ).
  IF sy-subrc <> 0.
    " Verbindung schließen
```

```
    http_client->close( ).
    http_client->get_last_error(
      IMPORTING
       code = DATA(error_code)
       message = DATA(error_message) ).
    RAISE EXCEPTION TYPE zcx_http_error
      EXPORTING
        code    = error_code
        message = error_message.
  ENDIF.

  http_client->receive(
    EXCEPTIONS
      OTHERS = 4 ).
  IF sy-subrc <> 0.
    " Verbindung schließen
    http_client->close( ).
    http_client->get_last_error(
      IMPORTING
       code = error_code
       message = error_message ).
    RAISE EXCEPTION TYPE zcx_http_error
      EXPORTING
        code    = error_code
        message = error_message.
  ENDIF.

  " Verbindung schließen
  http_client->close( ).
```

*Listing 2.25: Schließen von HTTP-Verbindungen*

## 2.6 Internationalisierung

Unter *Internationalisierung* versteht man die Übersetzung aller Texte, die in der Benutzerschnittstelle verwendet werden. Kommentare und Texte im Quelltext können Sie allerdings nicht übersetzen. Daher hat es sich in internationalen Entwicklerteams als vorteilhaft erwiesen, Englisch als Standardsprache in allen ABAP-Programmen, Klassen und Dictionary-Elementen zu verwenden. Im Codebeispiel »abgesagte Angebote« habe ich bewusst Deutsch als Standardsprache verwendet, um dieses Codebeispiel leichter verständlich zu machen.

In der ABAP Workbench können Sie die folgenden Elemente übersetzen:

- Meldungen, die in der Transaktion *SE91* angelegt wurden,
- Texte im Textpool (im Menü der ABAP Workbench zu erreichen unter SPRINGEN • TEXTELEMENTE),
- Textfelder in Dynpros (im Screen-Painter zu erreichen unter SPRINGEN • ÜBERSETZUNG),
- Texte in Ausnahmeklassen.

**! Keinen Text im Code eintragen**

Vermeiden Sie direkt im Code eingetragene Texte, da diese nicht übersetzt werden können.

Bei der Entwicklung von SAPScript-Formularen muss die Internationalisierung immer mitbedacht werden. Das gesamte SAPScript-Formular inklusive der Formatierungsanweisungen müssen Sie manuell übersetzen. Bei Smartforms und Adobe-Formularen reicht es dagegen aus, nur die Textelemente zu übersetzen. Die Übersetzung dieser Formulare wird in der Transaktion *SE63* bearbeitet.

# 3 Dokumentation

**In diesem Kapitel erläutere ich Ihnen die wesentlichen Aspekte, die in der Dokumentation eines Softwareprojektes berücksichtigt werden sollten. Anschließend stelle ich Ihnen das C4-Modell vor, das Ihnen einen sehr guten Überblick über Ihr System und die darin abgebildeten Geschäftsprozesse gibt.**

## 3.1 Eigenentwicklungen

Die Dokumentation von Eigenentwicklungen untergliedere ich zumeist in die folgenden Aspekte:

1. Anforderungen, die an die Softwarelösung gestellt werden,
2. Datenbankschema,
3. Testfälle und Testdurchführung,
4. Changelogs, die den Grund einer Quelltextmodifikation angeben,
5. Administration,
6. Bedienungsanleitungen.

### Anforderungen

Halten Sie die Anforderungen, die Ihre Auftraggeber an die Softwarelösung stellen, bereits bei Projektbeginn fest, haben Sie einen klaren Leitfaden, an dem Sie sich in der Implementierungs- und Testphase orientieren können. Ich vergleiche die Anforderungen gerne mit einem Bauplan, den der Architekt zeichnet. Die Entwickler sind hinterher die Bauarbeiter, die anhand des Bauplanes das Haus bauen sollen. Ohne vernünftigen Bauplan wird das Haus höchstwahrscheinlich anders realisiert als vom Architekten erwartet.

### Datenbankschema

Oftmals stellen sich Administratoren oder Entwickler bei einer z-Tabelle die Frage, woher die Daten stammen. Sofern die Antwort auf diese Frage nicht aus den Kurztexten hervorgeht, die in der Transaktion *SE11* angezeigt werden, sollten Sie die Antwort mit in die Dokumentation aufnehmen.

Die Transaktion *SE11* gestattet es Ihnen, zum Zwecke der Dokumentation neben dem Kurztext auch einen Langtext anzulegen, den Sie im Menüpfad SPRINGEN • DOKUMENTATION finden.

Daneben sollte die Dokumentation einer Eigenentwicklung auch Aufschluss darüber geben, welche z-Tabellen konkret durch die Eigenentwicklung befüllt werden.

### Testfälle und Testdurchführung

Testfälle, die Sie manuell durchführen, sollten Sie zusammen mit den notwendigen Vorbereitungen, dem Durchführungsprozedere, den erwarteten Resultaten und dem Abgleich zwischen erwarteten und tatsächlichen Resultaten dokumentieren. In der Transaktion *SE80* können Sie im Menüpunkt TEST REPOSITORY zu Dokumentationszwecken einen *manuellen Testfall* anlegen, wie Abbildung 3.1 zeigt. Wählen Sie in der Menüzeile TESTFALLBESCHREIBUNG ❶, werden Sie in die Pflege eines Langtextes mit den Bereichen »Vorbereitung«, »Durchführung« und »Prüfung« geleitet. Im Abschnitt »Prüfung« können Sie die erwarteten Resultate und den Abgleich zwischen erwarteten und tatsächlichen Resultaten beschreiben.

In den Abschnitten 4.2 und 4.9 lernen Sie noch Werkzeuge kennen, die Sie bei Testautomatisierung unterstützen. Mit deren Hilfe ist gleichzeitig auch die Dokumentation der Testfälle sichergestellt. Automatisierte Tests brauchen Sie daher nicht zu dokumentieren.

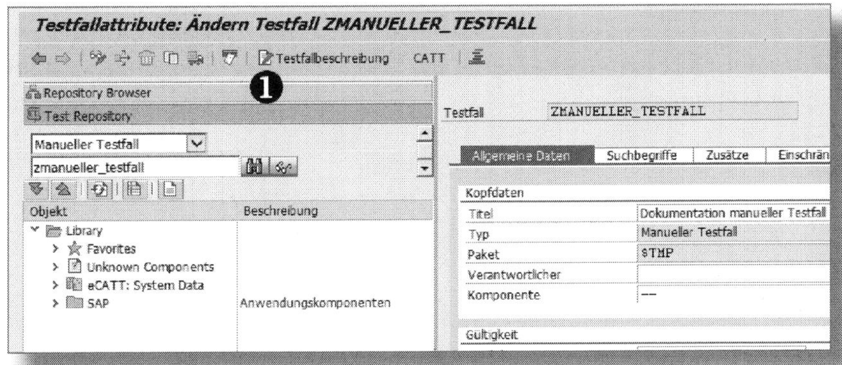


*Abbildung 3.1: Dokumentation eines manuellen Testfalls*

## Changelogs

*Changelogs* fassen Quelltextmodifikationen kurz zusammen. Hierbei geht es nicht um die einzelnen Zeilen, die geändert wurden, sondern um den Auslöser bzw. den Grund der Quelltextmodifikation.

Changelogs können beispielsweise innerhalb eines Kommentares an einer gut sichtbaren Stelle im Source Code stehen. Listing 3.1 zeigt eine Vorlage, die ich gerne für diese Changelog-Kommentare verwende.

```
* Vorlage für Release-Notes bzw. Changelogs
* Legende:
* + Feature hinzugefügt
* - Feature entfernt
* ! Feature geändert
* * Bug gefixed
*
* Version 1.0.1 <Datum> <Autor>
*-----------------------------------------
* + Ausnahmebehandlung, wenn Eingabe fehlerhaft
```

*Listing 3.1: Vorlage für Changelogs*

### Administration

Unter dem Aspekt »Administration« können Sie die folgenden Punkte zusammenfassen:

- Berechtigungsobjekte und -rollen, die den Zugriff auf die Eigenentwicklungen einschränken,
- Customizing-Einstellungen, die für den Betrieb der Eigenentwicklungen relevant sind,
- Ablageort der Log-Protokolle: Verwenden Sie beispielsweise in Ihren Eigenentwicklungen die Funktionsgruppe `sbal` zum Erstellen der Log-Protokolle, finden Sie die Log-Protokolle in der Transaktion *SLG1*,
- Periodische Jobs, die für den Betrieb der Eigenentwicklungen eingerichtet wurden.

Diese Informationen werden oft von Administratoren benötigt und sollten daher auch Bestandteil der Dokumentation sein.

### Bedienungsanleitungen

Unter diesen Punkt fallen alle Anleitungen, damit die Benutzer sich in den Eigenentwicklungen zurechtfinden.

## 3.2 Dokumentation über Systemgrenzen hinweg

Vielfach werden SAP-Systeme im Verbund mit diversen externen Systemen betrieben. Damit Entwickler und Administratoren die Schnittstellen zwischen den externen und den SAP-Systemen implementieren, modifizieren und administrieren können, benötigen Sie u. a. die folgenden Informationen:

- Übertragungsart und Übertragungsprotokoll,
- Geschäftsprozesse, die über die Schnittstelle zwischen externem und SAP-System abgewickelt werden,

- Datenaustauschformat und Inhalt der ausgetauschten Daten (z. B. IDoc-Schnittstelle, XML-Datenformat),
- Konstanten und Customizing-Daten, die im SAP-System festgelegt und im externen System verwendet werden.

Im Folgenden werden darüber hinaus Informationen dargestellt, die für die Implementierung, Modifikation oder Administration einer Schnittstelle zum Austausch von Daten über das Dateisystem, RFC-Protokoll oder HTTP-Protokoll, notwendig sind.

**Datenaustausch mittels Dateisystem:**

- Speicherort der Dateien,
- Berechtigungen für den Dateizugriff aus dem ABAP-Programm,
- Datenformat.

**Datenaustausch mittels RFC-Protokoll:**

- aufgerufene Funktionsbausteine,
- verwendete Dictionary-Strukturen, die mit dem Funktionsbaustein `RFC_GET_STRUCTURE_DEFINITION` gelesen werden,
- Tabellen, die direkt mit dem Funktionsbaustein `RFC_READ_TABLE` ausgelesen werden.

**Datenaustausch mittels HTTP-Protokoll:**

- URLs der einzelnen Aufrufe,
- beispielhafte Anfragen und Antworten des HTTP-Servers.

Da sich all diese Informationen nach Entwicklung der Schnittstellen nur noch schwer aus den Quelltexten ermitteln lassen, sollten sie stets Bestandteil der Dokumentation sein.

## 3.3 ABAP-Doc

Seit Release 7.40 SP02 existieren die sogenannten *ABAP-Doc-Kommentare*. Sie können in den auf der Eclipse-Entwicklungsumgebung basierenden ABAP Development Tools (ADT) verwendet werden, um die Implementierung zu dokumentieren. Vor Deklarationen wird mit der Zeichenkombination `"!` ein ABAP-Doc-Kommentar eingeleitet. ABAP-Doc-Kommentare sind als HTML-Dokumente exportierbar.

**☛ Kein Export in der ABAP Workbench**

Leider ist der Export nur in den ABAP Development Tools möglich. Bei der Drucklegung dieses Buches unterstützte die ABAP Workbench den Export der ABAP-Doc-Kommentare noch nicht.

Zur Beschreibung der Signatur einer Prozedur können Sie die in Tabelle 3.1 dargestellten standardisierten Kommentare verwenden. Die Wörter in spitzen Klammern (<>) stellen Platzhalter für den entsprechenden Parameternamen, die Beschreibung bzw. die Ausnahmeklasse dar.

| Kommentar | beschreibt |
|---|---|
| "!@parameter <Name> \| <Beschreibung> | einen Schnittstellen-parameter |
| "!@raising <Klasse> \| <Beschreibung> | eine klassenbasierte Ausnahme |
| "!@exception <Name> \| <Beschreibung> | eine klassische Ausnahme |

*Tabelle 3.1: Standardisierte ABAP-Doc-Kommentare*

Zudem können ABAP-Doc-Kommentare auch HTML-Tags enthalten:

- Überschriften `<h1>, <h2>, <h3>`,
- Absatz `<p>`,
- kursiv hervorgehobener Text `<em>`,
- stark hervorgehobener Text `<strong>`,

- nicht nummerierte Liste `<ul>`,
- nummerierte Liste `<ol>`,
- Zeilenumbruch `<br/>`.

Diese Tags müssen XHTML-konform angegeben werden, d. h. mit einem schließenden Tag.

Listing 3.2 zeigt die Klasse `zangebote_abgesagt` mit ABAP-Doc-Kommentaren:

```
"! <p>Liest die Angebote und kumuliert die
"! abgesagten Positionen (Grund: zu teuer).</p>
"! Kumulation bedeutet:
"! <ul>
"!   <li>Anzahl der abgesagten Positionen
"!     bestimmen</li>
"!   <li>Preisspanne berechnen</li>
"!   <li>Verhaeltnis Anzahl abgesagter Positionen zur
"!     Anzahl aller Positionen
"!     bestimmen. Das Verhaeltnis wird pro Kunde,
"!     Artikel und Monat bestimmt</li>
"! </ul>
CLASS ZANGEBOTE_ABGESAGT DEFINITION
  PUBLIC
  FINAL
  CREATE PUBLIC .

  PUBLIC SECTION.

    TYPES:
      _bestelldaten TYPE RANGE OF bstdk .
    TYPES:
      _kunden TYPE RANGE OF kunnr .
    TYPES:
      _artikel TYPE RANGE OF matnr .
    TYPES:
      summe_kunde_artikel TYPE HASHED TABLE OF
      zangebot_summe_kunde_artikel
      WITH UNIQUE KEY kunnr artikel monat kmein
```

```
      waerk .
    TYPES:
      out_summe_kunde_artikel TYPE STANDARD TABLE
      OF zangebot_summe_kunde_artikel.

    "! Im constructor werden die Selektionsoptionen
    "! uebergeben, und das Log-Protokoll wird mit dem
    "! Funktionsbaustein BAL_LOG_CREATE erzeugt.
    "! @parameter bestelldaten | Die
    "! Selektionsoption Bestelldatum
    "! @parameter kunden | Die Selektionsoption Kunde
    "! @parameter artikel | Die Selektionsoption Artikelnr.
    METHODS CONSTRUCTOR
      IMPORTING
        !bestelldaten TYPE _bestelldaten
        !kunden TYPE _kunden
        !artikel TYPE _artikel.

    "! Liest und kumuliert die Angebote.
    "! @parameter summe_kunde_artikel | Die kumulierten
    "! Werte.
    "! @raising zcx_angebot_abgesagt | Wird ausgeloest,
    "! falls keine Angebote vorhanden sind.
    METHODS get_angebote
      EXPORTING
        !summe_kunde_artikel TYPE out_summe_kunde_artikel
      RAISING
        zcx_angebot_abgesagt .

    "! Garbage-Collecter:
    "! Das Log-Protokoll, das im constructor erzeugt wurde,
    "! wird aus dem Speicher geloescht.
    METHODS teardown .

ENDCLASS.
```

*Listing 3.2: ABAP-Doc-Kommentare zur Dokumentation einer Klasse*

**☛ Weiterführende Informationen**

Im Blogpost *https://blogs.sap.com/2013/04/29/abap-doc* finden Sie noch weitere Hinweise und Beispiele zur Benutzung von ABAP-Doc.

## 3.4 C4-Modell

Das *C4-Modell* unterteilt die Dokumentation eines Geschäftsprozesses, der im SAP-ERP-System abgewickelt wird, in vier Schichten [3]. Die oberste Schicht beschreibt das Softwaresystem sehr abstrakt. Je tiefer die darunterliegenden Schichten, umso detailreicher ist die dazugehörige Beschreibung. Die einzelnen Schichten werden in Diagrammen verdeutlicht.

Ich beschreibe im Folgenden den Geschäftsprozess »Angebote erstellen und absagen« anhand des C4-Modells. In diesen Geschäftsprozess ist das Codebeispiel »abgesagte Angebote« eingebunden. Zusätzlich zur Anzeige im ALV Grid soll die Auswertung, die im Report `zangebote_abgesagt` angezeigt wird, jeden Monat in einer E-Mail an die Vertriebsmitarbeiter versendet werden.

Die vier Schichten des C4-Modells sind:

1. der Kontext (Context),
2. die Container,
3. die Komponenten (Component),
4. der Code.

Aus den Anfangsbuchstaben der englischen Begriffe Context, Container, Component, Code leitet sich die Bezeichnung »C4-Modell« ab.

**Kontext (Context)**

In dieser Schicht werden die eingesetzten Softwaresysteme und die Interaktionen der Benutzer mit den jeweiligen Softwaresystemen grob beschrieben. Wie Abbildung 3.2 zeigt, besteht der Geschäftsprozess »Angebote erfassen und absagen« aus dem Vertriebsmitarbeiter, der Angebote im SAP-ERP-System erfasst, aus dem SAP-ERP-System selbst sowie aus dem Mail-System. In die Details der jeweiligen Systeme steigen wir in dieser Schicht noch nicht ein.

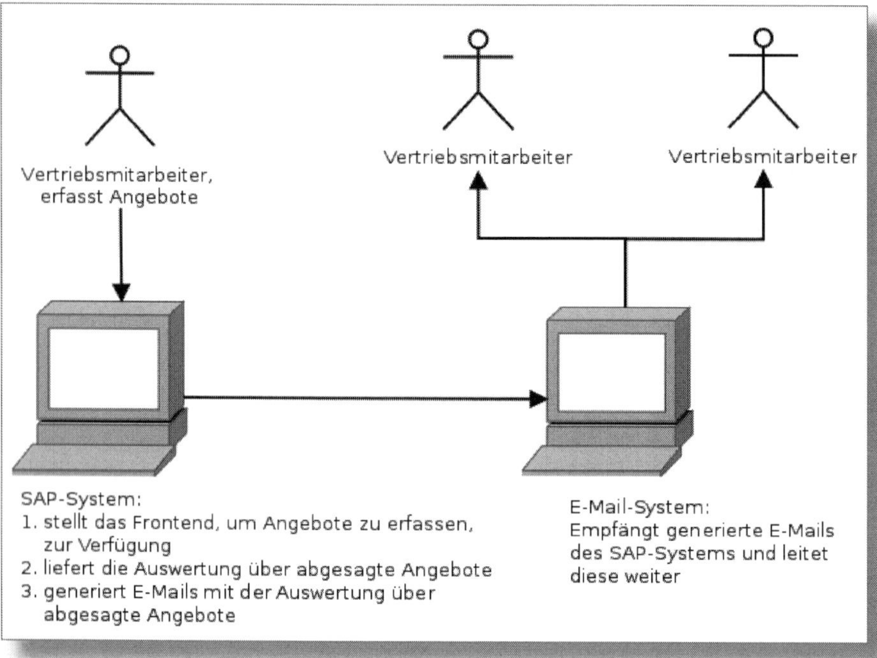


*Abbildung 3.2: Systembeschreibung im C4-Modell*

### Container

*Container* sind die einzelnen Anwendungen inkl. der Umgebung, in die die Anwendungen eingebunden sind. Anwendungen können klassische Transaktionen in der SAP GUI, Web-Dynpro-Komponenten, UI5-Applikationen oder externe Middleware-Komponenten sein. Zur Umgebung zählen Datenbanken, Webserver oder Dateisysteme, mit denen die Applikationen interagieren.

Der Geschäftsprozess »Angebote erfassen und absagen« besteht aus vier Applikationen:

- der Transaktion *va21*, mit der die Angebote erfasst werden,
- der Transaktion *va22*, mit der die Angebote abgesagt oder geändert werden,
- der Auswertung abgesagter Angebote im Report `zangebote_abgesagt` und
- dem Batch-Job, der die Auswertung periodisch verschickt.

Die Containerschicht zeigt, ebenso wie die darüberliegende Kontextschicht, keine Details der Implementierung (siehe Abbildung 3.3).

### Komponente (Component)

Die Komponentenschicht im C4-Modell ist die erste Schicht, die genauer auf die Implementierung eingeht. Eine *Komponente* kann ein Report, eine Funktionsgruppe, ein Interface oder eine Klasse sein. Brown definiert eine Komponente als »Gruppierung von zusammengehörigen Funktionen hinter einer bekannten Schnittstelle« [3]. Die Komponentenschicht beschreibt die Wechselwirkungen zwischen den einzelnen Komponenten.

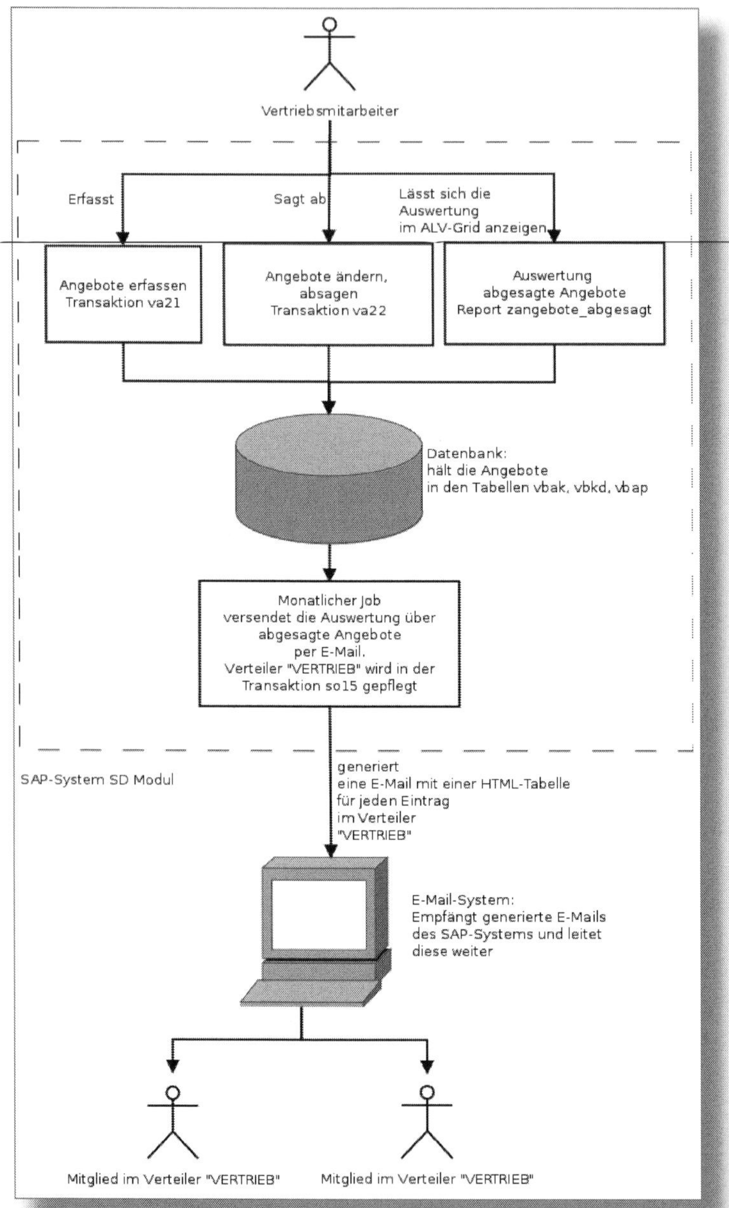


*Abbildung 3.3: Container mit den Anwendungen im Geschäftsprozess »Angebote erfassen und absagen«*

Der Übersichtlichkeit halber stelle ich in Abbildung 3.4 nur noch einen Ausschnitt der einzelnen Komponenten dar. Dieser Ausschnitt zeigt die Komponenten des Reports `zangebote_abgesagt`.

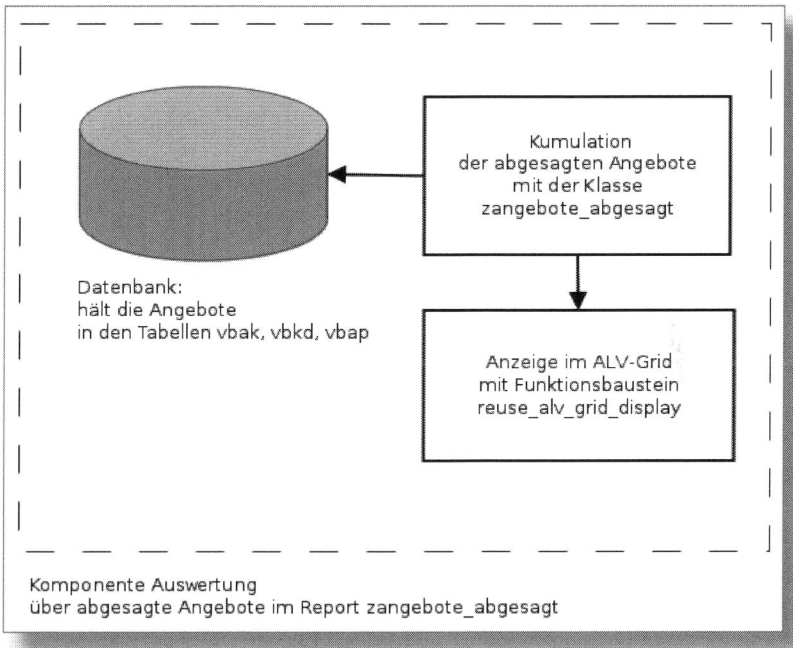


*Abbildung 3.4: Komponenten des Reports »zangebote_abgesagt«*

## Code

Die letzte Schicht des C4-Modells ist der *Code*. An dieser Stelle im C4-Modell können Sie auf die Details der Implementierung eingehen, z. B. mit ABAP-Doc-Kommentaren oder UML-Diagrammen, wie in Abbildung 3.5 dargestellt.

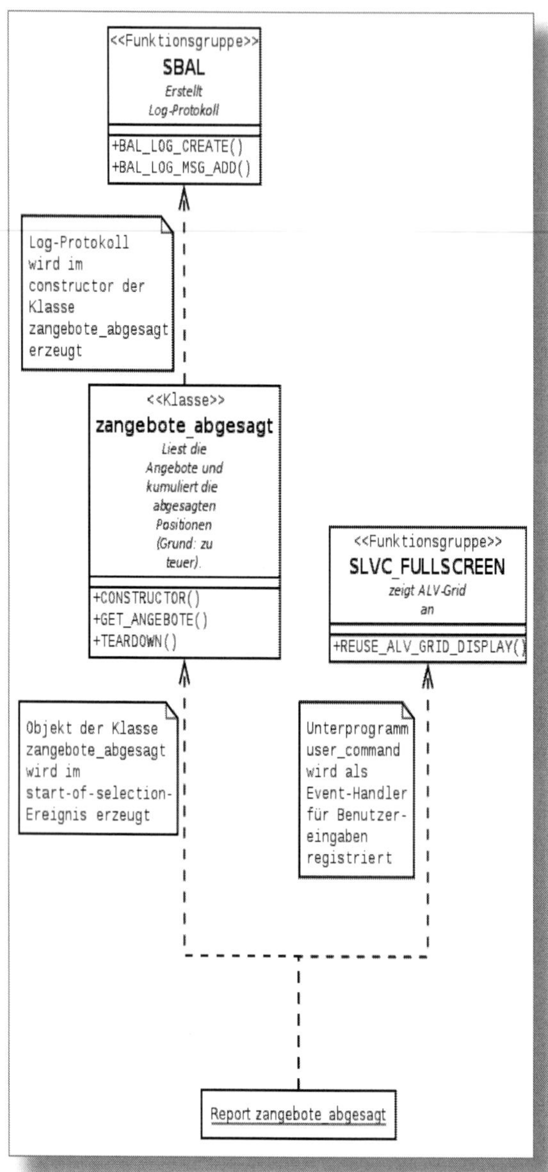


*Abbildung 3.5: UML-Diagramm des Codebeispiels »abgesagte Angebote«*

# 4 Strukturiertes Testen

**Wie können Tests aussagekräftig gestaltet werden? Was genau sind die in Kapitel 2 erwähnten Unit-Tests? Woran können wir unvollständige Testszenarien erkennen? Antworten auf diese Fragen gebe ich Ihnen in diesem Kapitel.**

Die größte Herausforderung, mit der sich Tester konfrontiert sehen, besteht darin, dass sie möglichst alle Fehlfunktionen finden, die im produktiven Einsatz nicht akzeptiert werden. Zur Veranschaulichung nehmen wir uns ein Beispiel aus der Metallverarbeitung. Hier ist die Herausforderung, Toleranzen von unter 0,1 mm oder noch kleiner einzuhalten. Wer schon einmal Metallverarbeitern über die Schulter geschaut hat, wird beobachtet haben, dass diese immer wieder die Bearbeitung unterbrechen müssen, um mit dem Messschieber die Maßhaltigkeit ihrer Werkstücke zu überprüfen.

Genauso sollte ein guter Softwaretest auch ablaufen. Nachdem Sie einen kurzen Codeabschnitt entwickelt haben, sollten Sie das Programmieren unterbrechen und »nachmessen«, ob sich Ihr Codeabschnitt wie erwartet verhält. Genau wie der Metallverarbeiter ohne seinen Messschieber nicht die Maßhaltigkeit seiner Werkstücke kontrollieren kann, können Entwickler ohne Tests nicht die Korrektheit ihrer Software überprüfen.

## 4.1 Diversität

Wenig erfahrenen Entwicklern ist oftmals nicht klar, wie sie einen aussagekräftigen Test und die dazugehörige Verifikation der Testergebnisse gestalten sollen. Nachdem ein gesamtes Projekt fertig entwickelt wurde, werden daher leider gerne mal nur ein paar Benutzerinteraktionen durchgeführt, einige Werte auf Plausibilität geprüft, und damit ist der Test auch schon beendet. Wenn kein Laufzeitfehler auftrat, verlief der Test erfolgreich (im englischen Sprachraum spricht man von »Testing Happy Paths«).

Ein erfahrener Entwickler weiß sicherlich, dass mehr Aspekte als nur die Abwesenheit von Laufzeitfehlern zu testen sind. Wichtig ist es vor allem, die Tests vielfältig zu gestalten *(Diversität)*, um möglichst viele Eventualitäten des produktiven Einsatzes zu testen.

Die folgende Checkliste enthält alle Testfälle, mit denen ich den Report `zangebote_abgesagt` getestet habe:

1. Trivialster Fall: zwei Positionen mit denselben Kopfdaten (Kunde, Bestelldatum) und derselben Artikelnummer, die mit dem Grund »zu teuer« abgesagt wurden. In beiden Positionen bezieht sich der Preis auf dieselbe Währung und dieselbe Mengeneinheit;
2. Position ohne Artikelpreis,
3. Position ohne Artikelnummer,
4. Position wurde gelöscht,
5. unterschiedliche Währungen in den einzelnen Positionen,
6. unterschiedliche Mengeneinheiten, auf die sich die Preise in den einzelnen Positionen beziehen (z. B. Preis mal pro Stück, mal pro Palette).

Zu diesem Testszenario gehört auch ein Abgleich der tatsächlichen mit den erwarteten Resultaten, der in der nachfolgenden Checkliste dargestellt wird. Die Erwartungshaltung für diesen Abgleich wurde bereits in Kapitel 1 skizziert.

1. Untergrenze und Obergrenze der Preisspanne sollen den Preisen entsprechen, die in den einzelnen Positionen angegeben wurden;
2. Position ohne Artikelpreis: soll ausgeschlossen werden;
3. Position ohne Artikelnummer (Materialnummer): soll ausgeschlossen werden;
4. Position wurde gelöscht: kann nicht mehr berücksichtigt werden;

5. unterschiedliche Währungen: Währungen werden nicht ineinander umgerechnet. Die Auswertung soll einen Datensatz pro Monat, Kunde, Artikel und Währung anzeigen;

6. unterschiedliche Mengeneinheiten, auf die sich die Preise beziehen: Mengeneinheiten werden einheitlich auf die Mengeneinheit umgerechnet, die im Materialstamm hinterlegt wurde. D. h., die Preisspanne eines Artikels, für den im Materialstamm die Mengeneinheit »Stück« hinterlegt ist, soll auch als Preis pro Stück ausgewiesen werden und nicht einmal als Preis pro Stück und einmal als Preis pro Palette.

**Testszenarien**

Nachdem Sie das Codebeispiel »abgesagte Angebote« in Ihr System integriert haben, können Sie die Testszenarien selbstständig durchführen. Falls Sie Zugriff auf das SD-Modul haben, suchen Sie sich relevante Angebote aus den Testdaten heraus oder legen Sie die Angebote selbst an. Falls Sie keinen Zugriff auf das SD-Modul haben, pflegen Sie die Tabellen »zangebot_vbak« und »zangebot_vbap« in der Transaktion *SM30*. Spielen Sie danach die sechs Testszenarien durch und prüfen Sie, ob der Report `zangebote_abgesagt` den oben genannten Erwartungen entspricht.

## 4.2 Unit-Tests

Ich möchte zunächst den Begriff *Testszenario* definieren. Zu einem Testszenario gehören zuerst einmal unterschiedliche Testfälle. Jeder Testfall wird unter anderen Rahmenbedingungen durchgeführt und erzielt ein oder mehrere Resultate. Erst wenn diese mit den erwarteten Resultaten – die der Tester vorher festlegen muss – übereinstimmen, gilt der Test als bestanden.

*Unit-Tests* (auch *Modultests* oder *Komponententests* genannt) prüfen eine einzelne Prozedur isoliert in einer eigenen Testumgebung.

Unit-Tests sind für Softwareentwickler so wichtig wie der Messschieber für den Metallbauer oder die Wasserwaage für den Maurer. Sie können Unit-Tests manuell durchführen oder mithilfe eines Testframeworks. In beiden Fällen müssen Sie das Testszenario (Testfälle und erwartete Resultate) vor der Ausführung festlegen.

*Testframeworks*, die in ABAP ähnlich aufgebaut sind wie in vielen anderen Programmiersprachen, nehmen Ihnen nur die Ausführung der Tests und den Abgleich zwischen tatsächlichen und erwarteten Resultaten ab, nicht jedoch das Erstellen des Testszenarios.

Das ABAP-Testframework wurde im SAP NetWeaver Release 6.40 unter dem Markennamen *ABAP Unit* eingeführt. Dieses Testframework möchte ich Ihnen nun genauer vorstellen.

## 4.2.1 Syntaxprüfung vs. Unit-Test

In diesem Abschnitt möchte ich Ihnen den Unterschied zwischen Syntaxprüfungen und Unit-Tests erklären und Ihnen aufzeigen, welchen Mehrwert Sie durch Unit-Tests erhalten.

Eine *Syntaxprüfung* wird statisch durchgeführt und prüft nur, ob der Algorithmus lauffähig ist. Sie macht keine Aussage darüber, ob die Resultate, die der Algorithmus liefert, auch den Erwartungen entsprechen.

Erst in *Laufzeittests* wird geprüft, ob der Algorithmus tatsächlich die Resultate liefert, die von ihm erwartet werden. D. h., die *Semantik* wird geprüft. Unit-Tests sind Laufzeittests.

Anhand des Codes im Listing 4.1, der internationale Telefonnummern bildet, möchte ich Ihnen den Unterschied zwischen syntaktischer und semantischer Korrektheit demonstrieren.

```
"! Internationale Telefonnummer bilden
"! @parameter vorwahl | Die Landesvorwahl
"! @parameter beachten_null_ortsvorwahl | Die 1. Null der
```

```
"! Ortsvorwahl ist relevant fuer die internationale
"! Telefonnr.
"! @parameter telefonnr_lokal | Die lokale Telefonnummer
"! im jeweiligen Land
FORM internat_telefonnr
  USING
    vorwahl TYPE c
    beachten_null_ortsvorwahl TYPE sap_bool
    telefonnr_lokal TYPE c
  CHANGING
    telefonnr_internat TYPE c.

  telefonnr_internat = vorwahl && telefonnr_lokal.

ENDFORM.
```

*Listing 4.1: Programm für die Bildung von internationalen Telefonnummern*

Die Prozedur `internat_telefonnr` weist eine korrekte Syntax auf. Daher erkennt die Syntaxprüfung keine Fehler.

Aufgabe eines Unit-Tests ist es, die Prozedur `internat_telefonnr` aufzurufen und das Result – den Ausgabeparameter `telefon_internat` – auf Korrektheit zu prüfen. Listing 4.2 zeigt ein einfaches Testprogramm für die Prozedur `internat_telefonnr`, das ohne das ABAP-Unit-Testframework implementiert wurde.

```
START-OF-SELECTION.

  DATA: vorwahl(4) TYPE c VALUE '0049',
        telefonnr_lokal(5) TYPE c VALUE '07112',
        act_telefonnr_internat(9) TYPE c,
        exp_telefonnr_internat(9) TYPE c
        VALUE '00497112'.

  PERFORM internat_telefonnr USING vorwahl abap_false
    telefonnr_lokal CHANGING act_telefonnr_internat.
```

```
IF act_telefonnr_internat <> exp_telefonnr_internat.
  WRITE: 'Test fehlgeschlagen'. NEW-LINE.
  WRITE: 'Erwartet wurde die Telefonnr',
    exp_telefonnr_internat. NEW-LINE.
  WRITE: 'Tatsaechlich wurde die Telefonnr. gebildet',
    act_telefonnr_internat.
ELSE.
  WRITE 'Test erfolgreich'.
ENDIF.
```

*Listing 4.2: Testprogramm für die Bildung von internationalen Telefonnummern*

Wie Sie vielleicht schon erkannt haben, wird der Unit-Test in Listing 4.2 fehlschlagen. Bei internationalen Telefonnummern innerhalb Deutschlands wird die erste Null der Ortsvorwahl nicht beachtet. Es liegt also ein semantischer Fehler vor.

Allein durch die statische Syntaxprüfung können Sie semantische Fehler nicht erkennen. Hierfür sind Unit-Tests unerlässlich.

### 4.2.2 Testklassen

Das ABAP-Unit-Testframework basiert auf sogenannten *Testklassen*.

#### Definition einer Testklasse

Testklassen werden bis auf wenige Unterschiede wie gewöhnliche Klassen aufgebaut. Der erste Unterschied ist die Klassendefinition. Testklassen benötigen drei Zusätze, die bei gewöhnlichen Klassen nicht notwendig sind:

- `FOR TESTING` = kennzeichnet eine Testklasse, die automatisch ausgeführt werden kann,

- `DURATION` = gibt die maximale Laufzeit an; es wird zwischen kurz (`DURATION SHORT`), mittel (`DURATION MEDIUM`) und lang laufenden (`DURATION LONG`) Testklassen unterschieden.
- `RISK LEVEL` = gibt die Risikostufe an. `RISK LEVEL HARMLESS` steht beispielsweise für die Risikostufe »harmlos«. Harmlose Testklassen nehmen per Definition keine Änderung an persistenten Daten vor. Außerdem gibt es noch die Risikostufen »kritisch« (`RISK LEVEL CRITICAL`) und »gefährlich« (`RISK LEVEL DANGEROUS`). Testklassen, die persistente Daten ändern, können als kritisch oder gefährlich eingestuft werden. Wenn eine Testklasse Customizing-Einstellungen ändert, ist ausschließlich eine Einstufung als gefährlich möglich.

**! Gefährliche Testklassen**

Nach der Ausführung einer gefährlichen Testklasse müssen die Customizing-Einstellungen wieder in den Ursprungszustand zurückversetzt werden.

Listing 4.3 zeigt noch einmal die möglichen Definitionen einer Testklasse.

```
CLASS kurz_harmlos DEFINITION FOR TESTING DURATION SHORT RISK
LEVEL HARMLESS.

CLASS mittel_harmlos DEFINITION FOR TESTING DURATION MEDIUM
RISK LEVEL HARMLESS.

CLASS lang_harmlos DEFINITION FOR TESTING DURATION LONG RISK
LEVEL HARMLESS.

CLASS kurz_kritisch DEFINITION FOR TESTING DURATION SHORT
RISK LEVEL CRITICAL.

CLASS mittel_kritisch DEFINITION FOR TESTING DURATION MEDIUM
RISK LEVEL CRITICAL.
```

```
CLASS lang_kritisch DEFINITION FOR TESTING DURATION LONG RISK
LEVEL CRITICAL.

CLASS kurz_gefaehrlich DEFINITION FOR TESTING DURATION SHORT
RISK LEVEL DANGEROUS.

CLASS mittel_gefaehrlich DEFINITION FOR TESTING DURATION
MEDIUM RISK LEVEL DANGEROUS.

CLASS lang_gefaehrlich DEFINITION FOR TESTING DURATION LONG
RISK LEVEL DANGEROUS.
```

*Listing 4.3: Alle möglichen Definitionen einer Testklasse*

Eine Testklasse wird in der Regel in ein separates Include-Programm ausgelagert. Class-Pools (globale Klassen) und Funktionsgruppen haben eine Namenskonvention für ein Include-Programm mit Testklassen. Diese ist jedoch kein Muss. Die Ausführung einer Testklasse ist nicht an den Namen des zugehörigen Include-Programms geknüpft.

Für das Include-Programm mit Testklassen gelten folgende Namenskonventionen:

- In Class-Pools, die in der Transaktion *SE24* bearbeitet werden, hat das Include-Programm das Suffix »CCAU«,
- in Funktionsgruppen hat das Include-Programm das Suffix »T99«.

Bei Programmen und Reports gibt es keine Namenskonvention für ein Include mit Testklassen. Hier können Sie die Testklassen dem Report oder dem Programm hinzufügen wie jede andere lokale Klasse auch.

### Fixture einer Testklasse

Testklassen besitzen ein vorgegebenes *Fixture*. D. h., der private Bereich der Testklasse erhält einen standardisierten Aufbau bestehend aus vier optionalen Methoden und den sogenannten *Testmethoden*.

Dieser Aufbau wird im Folgenden in der Reihenfolge der Methodenausführung aufgelistet:

1. **Die class_setup-Methode** (statisch, optional): Sie wird einmalig am Anfang der Ausführung aufgerufen. In dieser Methode können Sie Vorbereitungen treffen.

2. **Die setup-Methode** (Instanz, optional): Sie wird jedes Mal vor Ausführung einer Testmethode gerufen. In dieser Methode kann beispielsweise ein Objekt der zu testenden Klasse erzeugt werden.

3. **Testmethoden:** Sie deklarieren Testmethoden mit dem Zusatz `FOR TESTING`. Testmethoden sind Instanzmethoden mit frei wählbaren Namen. Bei der Ausführung wird für jede Testmethode die Sequenz aus `setup`-Methode, Testmethode und `teardown`-Methode aufgerufen.

4. **Die teardown-Methode** (Instanz, optional): Sie wird jedes Mal nach Ausführung einer Testmethode aufgerufen.

5. **Die class_teardown-Methode** (statisch, optional): Sie wird einmalig zum Schluss der Ausführung aufgerufen.

Alle diese Methoden müssen parameterlos sein und können höchstens Ausnahmen propagieren. Nur die Namen der Testmethoden sind frei wählbar. Damit beispielsweise die `setup`-Methode vor Beginn jeder Testmethode aufgerufen wird, darf sie ausschließlich den Namen `setup` bekommen.

Im öffentlichen Bereich einer Testklasse können Sie bei Bedarf noch einen *Constructor* deklarieren. Weitere Methoden im öffentlichen Bereich sind nicht notwendig.

Listing 4.4 zeigt als Zusammenfassung dieses Abschnittes das Fixture einer Testklasse.

```
CLASS test_class_example DEFINITION FOR TESTING DURATION
SHORT RISK LEVEL HARMLESS.

  PRIVATE SECTION.
```

```
    " Einmalige Ausfuehrung beim Start
    CLASS-METHODS class_setup.

    " Ausfuehrung vor jeder Testmethode
    METHODS setup.

    " Testmethode
    METHODS test_method FOR TESTING.

    " Ausfuehrung nach jeder Testmethode
    METHODS teardown.

    " Einmalige Ausfuehrung vor Beendigung der Testklasse
    CLASS-METHODS class_teardown.

ENDCLASS.
```

*Listing 4.4: Fixture einer Testklasse*

#### Implementierung einer Testmethode

Nachdem Sie im letzten Abschnitt den Aufbau einer Testklasse kennengelernt haben, möchte ich Ihnen nun anhand zweier Beispiele den Aufbau einer Testmethode erläutern.

Im ersten Beispiel (Listing 4.5) wurde das Testprogramm aus Listing 4.2 in eine Testmethode umgewandelt, die wie folgt aufgebaut ist:

1. Treffen der Vorbereitungen: In Listing 4.5 besteht dieser Schritt aus der Definition der Variablen für erwartete und tatsächliche Resultate.
2. Der zweite Schritt in einer Testmethode ist die Bildung der erwarteten Resultate. In Listing 4.5 wird in diesem Schritt der Variablen `exp_telefonnr_internat` ein Wert zugewiesen.
3. Den dritten Schritt bildet die Ausführung der zu testenden Prozedur (Prüfling). Der Prüfling gibt Ihnen die tatsächlichen Resultate.

4. Der vierte und letzte Schritt ist der Vergleich der tatsächlichen mit den erwarteten Resultaten. Die Klasse `cl_abap_unit_assert` übernimmt seit Release 7.0 EhP2 im ABAP-Unit-Testframework diesen Vergleich. Ihr Vorgänger war die Klasse `cl_aunit_assert`.

```
CLASS internat_telefonnummern DEFINITION
  FOR TESTING DURATION SHORT RISK LEVEL HARMLESS.

  PRIVATE SECTION.

    METHODS verify_telefonnummer FOR TESTING.

ENDCLASS.

CLASS internat_telefonnummern IMPLEMENTATION.

  METHOD verify_telefonnummer.
    DATA: vorwahl(4)                  TYPE c VALUE '0049',
          telefonnr_lokal(5)          TYPE c VALUE '07112',
          act_telefonnr_internat(9) TYPE c,
          exp_telefonnr_internat(9) TYPE c
                                        VALUE '00497112'.

    PERFORM internat_telefonnr USING vorwahl abap_false
      telefonnr_lokal CHANGING act_telefonnr_internat.

    cl_abap_unit_assert=>assert_equals(
      exp = exp_telefonnr_internat
      act = act_telefonnr_internat ).

  ENDMETHOD.

ENDCLASS.
```

*Listing 4.5: Aufbau einer simplen Testmethode*

Listing 4.5 stellt ein relativ simples Beispiel dar, das so in der Praxis selten anzutreffen ist. Als Zweites möchte ich Ihnen daher ein komplexeres Beispiel vorstellen. Ausgangsbasis ist die Klasse `zangebote_` `abgesagt`, genauer gesagt die Methode `angebote_kumulieren`, die die Anzahl der abgesagten Positionen, die Anzahl aller Positionen und die Preisspanne der abgesagten Positionen kumuliert. Diese Methode, deren Signatur in Listing 4.6 dargestellt wird, soll mithilfe einer Testmethode verifiziert werden.

```
"! Kumulation. Die kumulierten Werte erhalten
"! das Praefix <em>sum</em>.
"! @parameter sum_kunde_artikel | interne Tabelle,
"! mit dem eindeutigen Primaerschluessel
"! Kunde, Artikel, Monat, Mengeneinheit, Waehrung
"! (Felder kunnr, artikel, monat, kmein, waerk).
"! Nach Ablauf enthaelt der Parameter die folgenden Werte:
"! <ul>
"! <li>Feld anzahl_abgesagt: die Anzahl der abgesagten
"!   Positionen (Grund: zu teuer)</li>
"! <li>Feld anzahl_gesamt: die Anzahl aller Positionen</li>
"! <li>Feld netto_preis_von: Untergrenze Preisspanne der
"!   abgesagten Positionen</li>
"! <li>Feld kpein_von: Die Preiseinheit der Untergrenze
"!   (z.B. pro 10 Stueck), bezieht sich auf kmein</li>
"! <li>Feld netto_preis_bis: Obergrenze Preisspanne der
"!   abgesagten Positionen, bezieht sich auf kmein</li>
"! <li>Feld kpein_bis: Die Preiseinheit der Obergrenze
"!   (z.B. pro 10 Stueck)</li>
"! <li>Feld kmein: Die Mengeneinheit (z.B. Stueck)</li>

METHODS angebote_kumulieren
    IMPORTING
      kopfdaten type zangebots_kopfdaten
      positionsdaten type zangebots_positionsdaten
    EXPORTING
      sum_kunde_artikel type summe_kunde_artikel.
```

*Listing 4.6 Signatur der Methode »angebote_kumulieren« (Klasse »zangebote_abgesagt«)*

Vor der Implementierung einer Testmethode erfolgen im ersten Schritt die Definition sowie die Vorbereitung des Testszenarios. Dieses Testszenario bekommt den Namen »Test Kumulation abgesagte Angebote« und besteht aus drei Testfällen:

1. Angebot mit zwei Positionen, von denen nur die erste Position mit dem Grund »zu teuer« abgesagt wurde – die erste Position kostet 1600 €/10 ST,
2. Angebot mit einer Position, die mit dem Grund »zu teuer« abgesagt wurde – diese Position kostet 1000 €/10 ST,
3. Angebot mit einer Position, die bestätigt (nicht abgesagt) wurde.

Jede Angebotsposition in der obigen Aufzählung hat entweder eine eigene Kundennummer oder eine eigene Artikelnummer, die sich von den Kundennummern oder den Artikelnummern in den anderen Testfällen unterscheidet.

Daraus folgt, dass der Ausgabeparameter `sum_kunde_artikel` (eine interne Tabelle) drei Zeilen enthalten sollte, deren Werte in Tabelle 4.1 aufgelistet sind.

| Testfall | Anzahl aller Positionen | Anzahl abgesagter Positionen | Preisspanne |
|---|---|---|---|
| 1 | 2 | 1 | 1600 €/10 ST–1600 €/10 ST |
| 2 | 1 | 1 | 1000 €/10 ST–1000 €/10 ST |
| 3 | 1 | 0 | 0 €/ST–0 €/ST |

*Tabelle 4.1: Erwartete Resultate im Testszenario »Test Kumulation abgesagte Angebote«*

Nach der Definition des Testszenarios erfolgt die Implementierung der Testmethode.

Die Testmethode folgt dabei wieder demselben Aufbau:

1. Treffen der Vorbereitungen: In Listing 4.7 umfasst dieser Schritt den Aufbau der Kopf- und Positionsdaten der Angebote.

2. Bildung der erwarteten Resultate: In unserem Fall erwarten wir eine interne Tabelle, deren Werte wir aus Tabelle 4.1 entnehmen können.

3. Ausführen des Prüflings.

4. Vergleich der tatsächlichen mit den erwarteten Resultaten.

Listing 4.7 zeigt die Implementierung der Testmethode für das Szenario »Test Kumulation abgesagte Angebote« mit den beschriebenen Schritten. Dabei wurde folgende Namenskonvention verwendet:

1. Präfix exp_ für Variablen mit erwarteten Resultaten,

2. Präfix act_ für Variablen mit tatsächlichen Resultaten.

```
CLASS test_angebote_abgesagt DEFINITION FOR TESTING
  DURATION SHORT RISK LEVEL HARMLESS FINAL.

  PRIVATE SECTION.
    DATA: under_test TYPE REF TO zangebote_abgesagt.

    METHODS setup.

    METHODS kumulation FOR TESTING.

ENDCLASS.

CLASS test_angebote_abgesagt IMPLEMENTATION.

  METHOD setup.

    CREATE OBJECT under_test
      EXPORTING
        bestelldaten = VALUE
          zangebote_abgesagt=>_bestelldaten( )
        kunden       = VALUE
          zangebote_abgesagt=>_kunden( )
        artikel      = VALUE
          zangebote_abgesagt=>_artikel( ).
```

```
ENDMETHOD.

METHOD kumulation.
  DATA: kopfdaten TYPE zangebots_kopfdaten,
        positionen TYPE zangebots_positionsdaten,
        act_sum_kunde_artikel TYPE
        zangebote_abgesagt=>summe_kunde_artikel,
        exp_sum_kunde_artikel TYPE
        zangebote_abgesagt=>summe_kunde_artikel.

  " Vorbereitung: Fuellen der Kopfdaten. Es spielt
  " keine  Rolle, ob die Daten so in der Datenbank
  " vorkommen.
  kopfdaten = VALUE #(
  ( vbeln = '1' kunnr = '1' bstdk = '20190110' )
  ( vbeln = '2' kunnr = '1' bstdk = '20190111' )
  ( vbeln = '3' kunnr = '2' bstdk = '20190110' ) ).

  " Vorbereitung: Positionsdaten
  positionen = VALUE #(
  " Testfall 1 nicht abgesagt
  ( vbeln = '1' matnr = 'A1' netpr = 1400 kpein = 10 kmein
    = 'ST' )
  " Testfall 1 abgesagt
  ( vbeln = '1' matnr = 'A1' netpr = 1600 kpein = 10 kmein
    = 'ST'
    abgru = zangebote_abgesagt=>absage_grund_zu_teuer )
  " Testfall 2 abgesagt
  ( vbeln = '2' matnr = 'A2' netpr = 1000 kpein = 10 kmein
    = 'ST'
    abgru = zangebote_abgesagt=>absage_grund_zu_teuer )
  " Testfall 3
  ( vbeln = '3' matnr = 'A2' netpr = 1000 kpein = 10 kmein
    = 'ST' ) ).

  " Bildung der erwarteten Resultate
  exp_sum_kunde_artikel = VALUE #(
```

```
    " Testfall 1
    ( kunnr = '1' monat = '201901' artikel = 'A1'
      anzahl_gesamt = 2 kmein = 'ST' anzahl_abgesagt = 1
      netto_preis_von = 1600 netto_preis_bis = 1600
      kpein_von = 10 kpein_bis = 10 )
    " Testfall 2
    ( kunnr = '1' monat = '201901' artikel = 'A2'
      anzahl_gesamt = 1 kmein = 'ST' anzahl_abgesagt = 1
      netto_preis_von = 1000 netto_preis_bis = 1000
      kpein_von = 10 kpein_bis = 10 )
    " Testfall 3
    ( kunnr = '2' monat = '201901' artikel = 'A2'
      anzahl_gesamt = 1 kmein = 'ST'
      anzahl_abgesagt = 0 )  ).

    " Ausfuehren des Prueflings
    under_test->angebote_kumulieren( EXPORTING kopfdaten =
      kopfdaten positionsdaten = positionen
      IMPORTING sum_kunde_artikel = act_sum_kunde_artikel ).

    " Vergleich tatsaechliche und erwartete Resultate
    cl_abap_unit_assert=>assert_equals( exp =
      exp_sum_kunde_artikel
      act = act_sum_kunde_artikel
      msg = 'Kumulation fehlerhaft' ).

  ENDMETHOD.

ENDCLASS.
```

*Listing 4.7: Implementierung des Testszenarios »Test Kumulation abgesagte Angebote«*

### Ausführung der Testklasse

In der ABAP Workbench wie auch in den ABAP Development Tools for Eclipse (ADT) führen Sie Testklassen mit der Tastenkombination [Strg] + [⇧] + [F10] oder in der ABAP-Workbench über den Menüpfad

(PROGRAMM, KLASSE, FUNKTIONSBAUSTEIN) • AUSFÜHREN • MODULTESTS aus (siehe Abbildung 4.1).

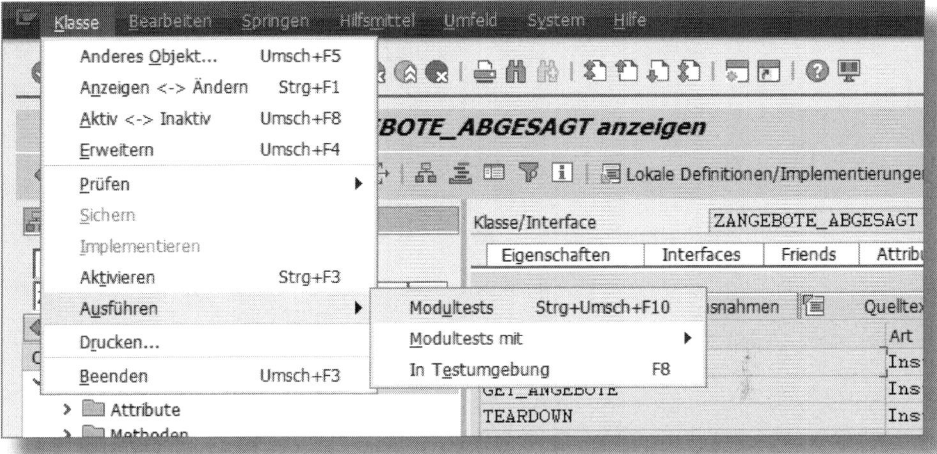


*Abbildung 4.1: Unit-Tests in der ABAP Workbench ausführen*

Da Testmethoden keine Parameter haben, erfolgt die Ausführung der Testklasse automatisch.

Unter den folgenden Bedingungen schlägt der Test fehl:

- Ein Laufzeitfehler wird ausgelöst.
- Eine Ausnahme, die nicht abgefangen wurde, wird ausgelöst.
- Eine Fehler- oder Abbruchmeldung wird ausgelöst.
- Die Klasse `cl_abap_unit_assert` stellt eine Differenz zwischen den erwarteten und den tatsächlichen Resultaten fest.

Schlägt ein Test fehl, erscheint der in Abbildung 4.2 (ABAP-Workbench) bzw. der in Abbildung 4.3 (ADT) gezeigte Dialog.

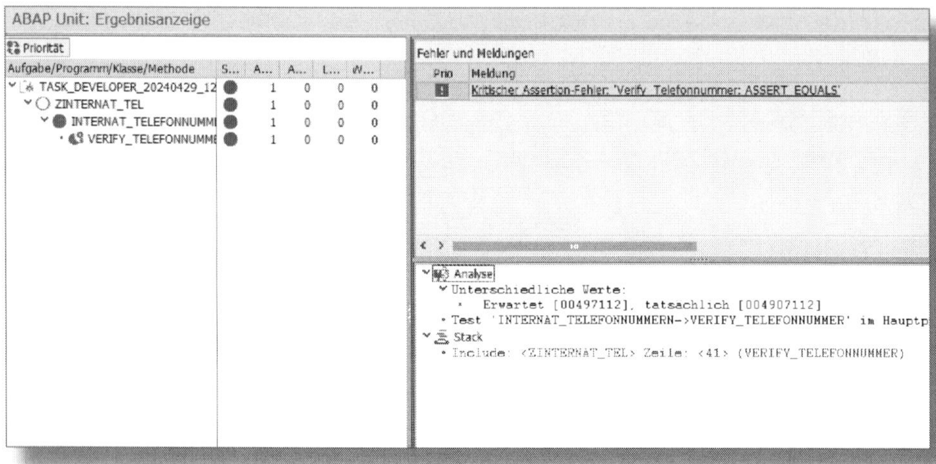


*Abbildung 4.2: Dialog nach einem fehlgeschlagenen Unit-Test in der Workbench*

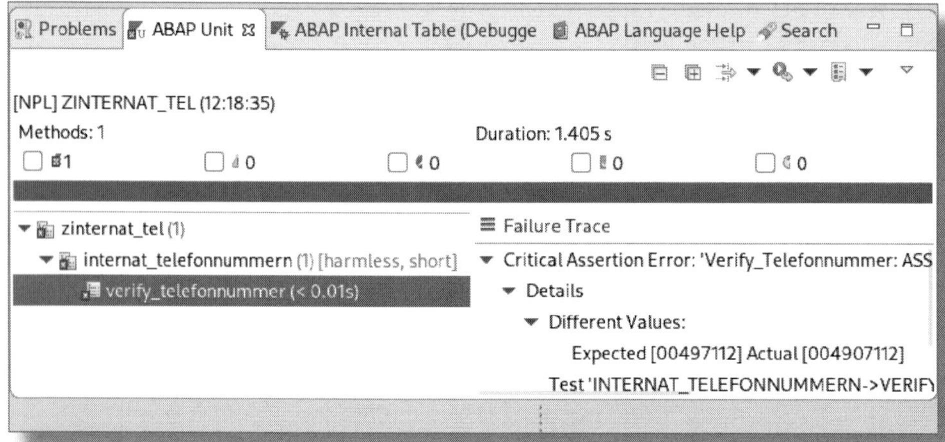


*Abbildung 4.3: Dialog nach einem fehlgeschlagenen Unit-Test in den ADT*

Abbildung 4.4 zeigt den Dialog in den ADT nach einem erfolgreichen Unit-Test.

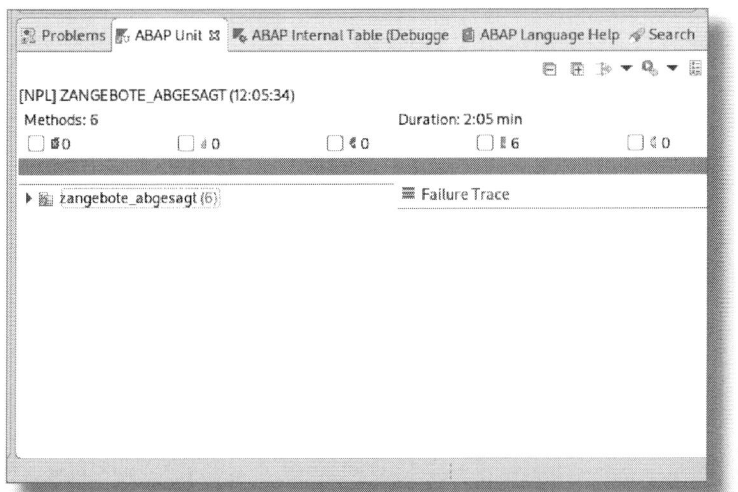


*Abbildung 4.4: Dialog nach einem erfolgreichen Unit-Test in den ADT*

## 4.2.3 Vorteile und Grenzen

Zusammengefasst bieten Ihnen Unit-Tests folgende Vorteile:

- Testszenarien sind dokumentiert.
- Unit-Tests sind jederzeit wiederholbar.
- Applikationen sind oft zu komplex, als dass sie noch vollständig manuell getestet werden könnten.
- Unit-Tests sind Regressionstests, d. h., sie vergleichen das Verhalten vor und nach einer Quelltextmodifikation.

Unit-Tests stoßen bei folgenden Punkten an ihre Grenzen:

- Das Zusammenspiel aller Komponenten wird nicht getestet – das gilt insbesondere für das Zusammenspiel zwischen Anwendungslogik und User Interface.
- Oftmals ist es nicht möglich, mit auf analytischem Wege erstellten Testszenarien alle Testfälle zu hundert Prozent abzudecken. Besonders kritisch ist es, wenn Abhängigkeiten zu

Funktionsgruppen, Klassen, BAPIs etc. bestehen, die von anderen Entwicklern stammen. Sie kennen dann nicht alle äußeren Umstände und Randbedingungen, unter denen sich die Abhängigkeiten möglicherweise anders verhalten, als Sie es erwarten. In der Praxis ist es daher wichtig, die Testszenarien immer wieder um neue Fälle zu erweitern, die Ihnen bekannt werden.

- Unit-Tests für bestehenden Code zu ergänzen, ist nicht immer möglich, insbesondere wenn die Testzenarien nicht hinreichend bekannt sind.

### 4.2.4 Konfiguration

Im Report *SAUNIT_CLIENT_SETUP* können Sie das ABAP-Unit-Testframework konfigurieren. Sie legen in diesem Report (siehe Abbildung 4.5) fest:

❶ ob die Ausführung von Testklassen verboten wird (beispielsweise in Produktivmandanten),

❷ die maximale RISIKOSTUFE, bei der eine Testklasse noch ausgeführt wird,

❸ die konkreten Zeiten für lang, mittel und kurz laufende Testklassen.

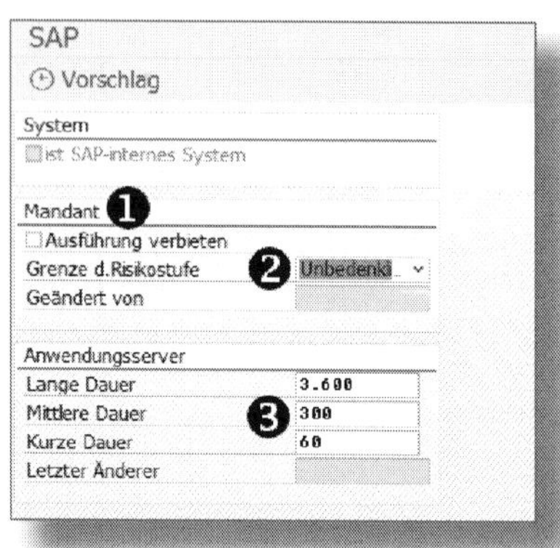


*Abbildung 4.5: Konfiguration ABAP Unit im Report SAUNIT_CLIENT_SETUP*

## 4.3 Testabdeckung (Code Coverage)

Die *Testabdeckung* bzw. die *Abdeckungsmessung* berechnet den prozentualen Anteil der Quelltextzeilen bzw. der Zweige des Quelltextes, die während eines Tests durchlaufen wurden. Sie hilft Ihnen, unvollständige Testszenarien zu erkennen.

Wählen Sie in der ABAP Workbench den Menüpfad (PROGRAMM, KLASSE, FUNKTIONSBAUSTEIN) • AUSFÜHREN • MODULTESTS MIT·ABDECKUNG, wird die Abdeckung während der Ausführung der Unit-Tests gemessen. Alternativ bietet sich die Transaktion *SCOV (Coverage Analyzer)* an. Der Coverage Analyzer erfasst nicht nur die Abdeckung bei Ausführung der Unit-Tests, sondern auch bei manueller Ausführung (gilt für Programme, Reports, Funktionsgruppen und Klassen gleichermaßen). Zudem können Sie, wie in Abschnitt 4.9 noch dargestellt wird, den Coverage Analyzer auch bei der Ausführung von Testskripten einsetzen.

Wie in Abbildung 4.6 ersichtlich, bildet die Abdeckungsmessung drei Kennzahlen, die angeben, was im Durchlauf gemessen wurde:

- ZWEIGABDECKUNG: einzelne Zweige – im nächsten Abschnitt finden Sie die genaue Definition der Zweigabdeckung;
- PROZEDURABDECKUNG: Anzahl der aufgerufenen Prozeduren – einzelne Anweisungen innerhalb der Prozeduren werden nicht beachtet. Eine Prozedur kann nur 100 % oder 0 % Abdeckung erreichen;
- ANWEISUNGSABDECKUNG: einzelne Anweisungen – Deklarationsanweisungen werden nicht beachtet.

**Testabdeckung in der Praxis**

In der Praxis sind 70–90 % Anweisungsabdeckung in Unit-Tests meistens ausreichend.

**ABAP Unit: Ergebnisanzeige**

ABAP-Unit-Ergebn. | Abdeckungsmetrik

Zweigabdeckung | Prozedurabdeckung | Anweisungsabdeckung

| Ergebnisknoten | Insgesamt | Ausgeführt | Nicht Aus... | Prozent | Ein/Aus |
|---|---|---|---|---|---|
| ZANGEBOTE_ABGESAGT============CP | 113 | 85 | 28 | 75.22% | ☑ |
| ZANGEBOTE_ABGESAGT | 113 | 85 | 28 | 75.22% | ☑ |
| ADD_ANG_TO_SUMME | 17 | 17 | 0 | 100.00% | ☑ |
| ADD_LOG_MESSAGE | 14 | 13 | 1 | 92.86% | ☑ |
| ANGEBOTE_KUMULIEREN | 26 | 26 | 0 | 100.00% | ☑ |
| CONSTRUCTOR | 11 | 11 | 0 | 100.00% | ☑ |
| EINHEITEN_UMRECHNUNG | 9 | 6 | 3 | 66.67% | ☑ |
| GET_ANGEBOTE | 8 | 0 | 8 | 0.00% | ☑ |
| GET_ANGEBOTSKOPFDATEN | 4 | 3 | 1 | 75.00% | ☑ |
| GET_ANGEBOTSPOSITIONEN | 9 | 9 | 0 | 100.00% | ☑ |
| GET_TEXTE | 10 | 0 | 10 | 0.00% | ☑ |
| TEARDOWN | 2 | 0 | 2 | 0.00% | ☑ |
| VERHAELTNIS | 3 | 0 | 3 | 0.00% | ☑ |

*Abbildung 4.6: Anweisungsabdeckung einer Klasse auf Methodenebene*

Durch einen Doppelklick auf eine der Methoden sehen Sie die Anweisungsabdeckung in den einzelnen Zeilen dieser Methode (Abbildung 4.7). Rot markierte Zeilen (hier Zeile 8–10) wurden nicht durchlaufen, grün markierte Zeilen (Zeile 3–7) dagegen schon.

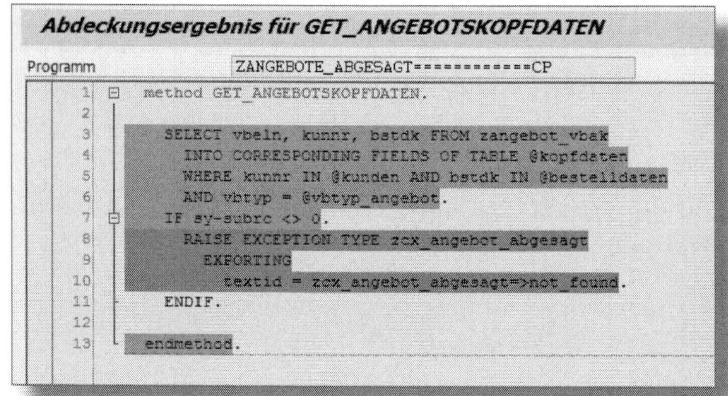


*Abbildung 4.7: Abdeckungsergebnis in den einzelnen Zeilen einer Methode*

Makros werden nicht in die Abdeckungsmessung miteinbezogen.

Die Abdeckungsmessung trifft keine Aussage über den Abgleich zwischen den tatsächlichen und den erwarteten Resultaten. Trotz 100 % Zweig-, Prozedur- und Anweisungsabdeckung kann dieser Abgleich immer noch unvollständig sein. Wird beispielsweise ein Ausgabeparameter des Prüflings nicht mit dem erwarteten Wert abgeglichen, zeigt die Abdeckungsmessung den fehlenden Abgleich nicht an. Stattdessen sehen Sie Anweisungsblöcke, die nicht durchlaufen wurden – sie sind das Indiz dafür, dass die Testklassen, bzw. falls Sie mit der Transaktion *SCOV* arbeiten die manuellen Tests oder die Testskripte, noch nicht alle Testfälle berücksichtigen.

**Handlungsempfehlung**

Mit der Abdeckungsmessung können Sie entscheiden, ab wann Ihre Testklassen, manuellen Tests oder Testskripte alle notwendigen Testfälle durchlaufen.

### Zweigabdeckung versus Anweisungsabdeckung

Die Zweigabdeckung misst die Zweige, die während der Tests durchlaufen wurden. Wird eine Prozedur als Flussdiagramm visualisiert, entstehen Verbindungslinien zwischen den einzelnen Entscheidungen. Diese Verbindungslinien visualisieren die einzelnen Zweige. D. h., Zweige entstehen an `IF`-und `CASE`-Bedingungen sowie an Schleifen.

```
FORM demo_zweigabdeckung USING a TYPE i.

  IF a > 2.
    WRITE a.
  ENDIF.
  NEW-LINE.

ENDFORM.
```

*Listing 4.8: Demonstration der Zweigabdeckung anhand einer simplen Prozedur*

Bei Visualisierung der Prozedur `demo_zweigabdeckung` aus Listing 4.8 als Flussdiagramm entstehen drei Zweige, wie Sie in Abbildung 4.8 erkennen können.

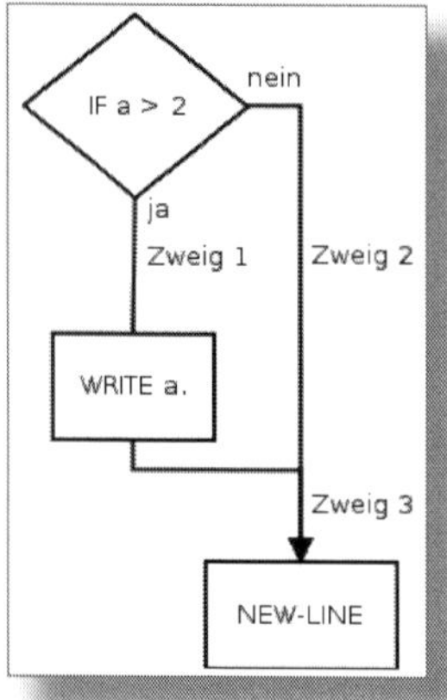


*Abbildung 4.8: Visualisierung von Listing 4.8 als Flussdiagramm*

Die Prozedur `demo_zweigabdeckung` im Listing 4.8 enthält vier Anweisungen, die relevant für die Anweisungsabdeckung sind (die Anweisungen `FORM` und `ENDIF` fließen nicht in die Anweisungsabdeckung mit ein).

Tabelle 4.2 stellt die Anzahl durchlaufener Anweisungen der Anzahl durchlaufener Zweige gegenüber. Die Zweige sowie die Anweisungen beziehen sich dabei auf die Prozedur `demo_zweigabdeckung` in Listing 4.8. Daher berechnet sich die Zweigabdeckung aus der Division der Anzahl durchlaufener Zweige durch drei. Die Anweisungsabdeckung entsteht, indem die Anzahl durchlaufener Anweisungen durch vier geteilt wird. Der jeweilige Eingabeparameter a dieser Prozedur wird in der ersten Spalte dargestellt:

| Parameter a | Anweisungen | | Zweige | |
|---|---|---|---|---|
| | durchlaufen (Anzahl) | Abdeckung | durchlaufen (Anzahl) | Abdeckung |
| 1 | 3 | 75 % | 2 | 67 % |
| 3 | 4 | 100 % | 2 | 67 % |

*Tabelle 4.2: Vergleich Anweisungs- und Zweigabdeckung*

Bei Messung der Anweisungsabdeckung stellt die `IF`-Bedingung aus Listing 4.8 nur eine Anweisung dar. Bei Messung der Zweigabdeckung entstehen an dieser `IF`-Bedingung zwei Zweige. 100 % Zweigabdeckung kommen erst zustande, wenn beide Zweige durchlaufen wurden. Die Zweigabdeckung betrachtet also eine `IF`-Bedingung immer sowohl als `IF`- als auch als `ELSE`-Bedingung, selbst wenn die `ELSE`-Bedingung nicht ausprogrammiert wurde.

**☛ Verwendung der Zweigabdeckung**

Für Code mit vielen `IF`- bzw. `CASE`-Bedingungen eignet sich die Zweigabdeckung besser als die Anweisungsabdeckung.

## 4.4 Ausnahmen

Innerhalb von Testklassen können Sie die Auslösung einer klassischen bzw. einer klassenbasierten Ausnahme gezielt prüfen.

Als Alternative zu Ausnahmen werden oft Fehler- (`MESSAGE TYPE 'E'` ...) oder Abbruchmeldungen (`MESSAGE TYPE 'A'`...) verwendet. Deren Auslösung lässt, wie in Abschnitt 4.2.2 erwähnt, den Unit-Test immer fehlschlagen. Soll der Prüfling in gewissen Situationen den Programmablauf unterbrechen, ist jedoch die Auslösung einer Ausnahme für den Unit-Test zweckmäßiger.

Für die Ausnahme kann im Unit-Test ein *Ausnahmebehandler* implementiert werden, der den Unit-Test nur dann fehlschlagen lässt, wenn die Ausnahme nicht wie erwartet ausgelöst wird. Für Fehler- bzw. für Abbruchmeldungen kann kein Meldungsbehandler im Unit-Test implementiert werden.

Nachfolgend stelle ich Ihnen einen Unit-Test vor, der bei Nichtauslösung einer Ausnahme fehlschlägt und bei Auslösung der Ausnahme erfolgreich durchläuft. Die Klasse `zeit_pruefen` im Listing 4.9 soll, falls ihr im Eingabeparameter `zeit` eine Uhrzeit außerhalb des Zeitraumes 08:00 Uhr bis 16:00 Uhr (exklusive) übergeben wird, den Programmablauf mittels Ausnahme unterbrechen.

```
CLASS zeit_pruefen DEFINITION.

  PUBLIC SECTION.

    " Wenn die Zeit nicht zwischen 08:00 und 16:00 Uhr
    " (exklusive), werfe klassische Ausnahme
    CLASS-METHODS zwischen_08_16_uhr_kla
      IMPORTING
        zeit TYPE t
      EXCEPTIONS
        zeit_ungueltig.

    " Wenn die Zeit nicht zwischen 08:00 und 16:00 Uhr
    " (exklusive), werfe klassenbasierte Ausnahme
    CLASS-METHODS zwischen_08_16_uhr_kba
      IMPORTING
        zeit TYPE t
      RAISING
        zcx_zeit_ungueltig.

ENDCLASS.

CLASS zeit_pruefen IMPLEMENTATION.

  METHOD zwischen_08_16_uhr_kla.

    IF zeit+0(2) NOT BETWEEN '08' AND '15'.
      RAISE zeit_ungueltig.
    ENDIF.

  ENDMETHOD.

  METHOD zwischen_08_16_uhr_kba.

    IF zeit+0(2) NOT BETWEEN '08' AND '15'.
      RAISE EXCEPTION TYPE zcx_zeit_ungueltig.
    ENDIF.
```

```
    ENDMETHOD.

  ENDCLASS.
```

*Listing 4.9: Prüfling für das Testen von Ausnahmen*

Das Testszenario, das die Klasse `zeit_pruefen` kontrolliert, gestaltet sich relativ einfach. Die Testfälle für die beiden Methoden `zwischen_08_16_uhr_kla` und `zwischen_08_16_uhr_kba` lauten:

1. Eingabeparameter Zeit 22:00 Uhr: Ausnahme wird erwartet,
2. Eingabeparameter Zeit 13:00 Uhr: Keine Ausnahme wird erwartet.

Im ersten Testfall erwarten wir in der Methode `zwischen_08_16_uhr_kla` die Auslösung der klassischen Ausnahme `zeit_ungueltig`. Mit Prüfung der Variablen `sy-subrc` wird die Auslösung einer klassischen Ausnahme verifiziert. Die Prüfung der Variablen `sy-subrc` kann mit der Methode `cl_abap_unit_assert=>assert_subrc` erfolgen.

Die Methode `zwischen_08_16_uhr_kba` soll im ersten Testfall die klassenbasierte Ausnahme `zcx_zeit_ungueltig` auslösen. Die Auslösung dieser Ausnahme wird in einem `TRY`-Block verifiziert.

Im zweiten Testfall wird in beiden Methoden keine Ausnahme erwartet. Darum werden sie hier nicht abgefangen.

Im Listing 4.10 wurde das angesprochene Testszenario umgesetzt.

```
CLASS test_zeit_pruefen DEFINITION FOR TESTING DURATION SHORT
RISK LEVEL HARMLESS.

  PRIVATE SECTION.

    METHODS kla_ausnahme FOR TESTING.

    METHODS kba_ausnahme FOR TESTING
      RAISING
        zcx_zeit_ungueltig.

ENDCLASS.
```

```
CLASS test_zeit_pruefen IMPLEMENTATION.

  METHOD kla_ausnahme.

    " Testfall Zeit 22:00 Uhr Ausnahme erwartet
    zeit_pruefen=>zwischen_08_16_uhr_kla( EXPORTING zeit =
     '220000'
      EXCEPTIONS zeit_ungueltig = 4 ).
    cl_abap_unit_assert=>assert_subrc( exp = 4 msg =
      'Keine Ausnahme im 1.Testfall' ).

    " Testfall Zeit 13:00 Uhr keine Ausnahme erwartet
    zeit_pruefen=>zwischen_08_16_uhr_kla( EXPORTING
      zeit = '130000' ).

  ENDMETHOD.

  METHOD kba_ausnahme.

    " Testfall Zeit 22:00 Uhr Ausnahme erwartet
    TRY.
        zeit_pruefen=>zwischen_08_16_uhr_kba( EXPORTING
          zeit = '220000' ).
        cl_abap_unit_assert=>fail(
          msg  ='Keine Ausnahme im 1.Testfall' ).
      ##NO_HANDLER
      CATCH zcx_zeit_ungueltig.
    ENDTRY.

    " Testfall Zeit 13:00 Uhr keine Ausnahme erwartet
    zeit_pruefen=>zwischen_08_16_uhr_kba( EXPORTING
      zeit = '130000' ).

  ENDMETHOD.

ENDCLASS.
```

*Listing 4.10: Unit-Test der Klasse »zeit_pruefen«*

In der Methode kba_ausnahme wird die Methode cl_abap_unit_assert=>fail nach Ausführung der zu testenden Methode zeit_pruefen=>zwischen_08_16_uhr_kba im TRY-Block gerufen. Die Methode cl_abap_unit_assert=>fail lässt einen Test immer fehlschlagen. Wird die Ausnahme zcx_zeit_ungueltig wie erwartet ausgelöst, wird der TRY-Block nach Ausführung der Methode zeit_pruefen=>zwischen_08_16_uhr_kba verlassen, und der Test war erfolgreich. Wird hingegen keine Ausnahme ausgelöst, wird der TRY-Block komplett durchlaufen, und die Methode cl_abap_unit_assert=>fail lässt den Test fehlschlagen.

## 4.5 Open SQL-Testumgebung

Mit den SAP Netweaver-Releases 7.51 und 7.52 stellt die SAP Ihnen eine Open SQL-Testumgebung bereit. Auch in Entwicklungs- und Testsystemen verändern sich die Datenbestände fortlaufend durch Systemkopien oder durch neue Buchungen. Das beeinflusst auch die erwarteten Resultate der Unit-Tests. Um nicht jedes Mal die Unit-Tests mit anpassen zu müssen, können Sie mit der Open SQL-Testumgebung Datenbestände simulieren. In älteren Systemen, die noch keine Open SQL-Testumgebung bereitstellen, lassen sich die SQL-Statements in eigenen Methoden oder Interfaces kapseln und für diese Methoden Testattrappen erstellen, wie im nächsten Abschnitt dargestellt.

### SQL-Statements ersetzen mit der Klasse CL_OSQL_REPLACE

Die SAP liefert seit SAP NetWeaver Release 7.5 SP01 mit der Klasse cl_osql_replace ein Hilfsmittel, um den Datenbestand der relationalen Datenbank während der Ausführung eines Unit-Tests teilweise durch Testdaten zu ersetzen. Im Release 7.5 SP01 unterstützt das SAP-System nur lesende Zugriffe. Im nächsten Release 7.5 SP02 sind auch schreibende Zugriffe möglich.

Grundidee hinter der Klasse cl_osql_replace ist, dass die zu ersetzende Datenbanktabelle (Originaltabelle) geklont wird und während des Unit-Tests die Daten aus der geklonten Tabelle (Fake-Tabelle) gelesen bzw. Daten in die Fake-Tabelle geschrieben werden. Die Fake-Tabelle präparieren Sie vor Ausführung der Testmethoden, sodass die tatsächlichen Resultate unabhängig von Schwankungen im Datenbestand der Originaltabelle bleiben.

Wollen Sie beispielsweise die Tabelle VBAK ersetzen, kopieren Sie in der Transaktion *SE11* die Originaltabelle VBAK in die Fake-Tabelle ZVBAK_FAKE (siehe Abbildung 4.9).

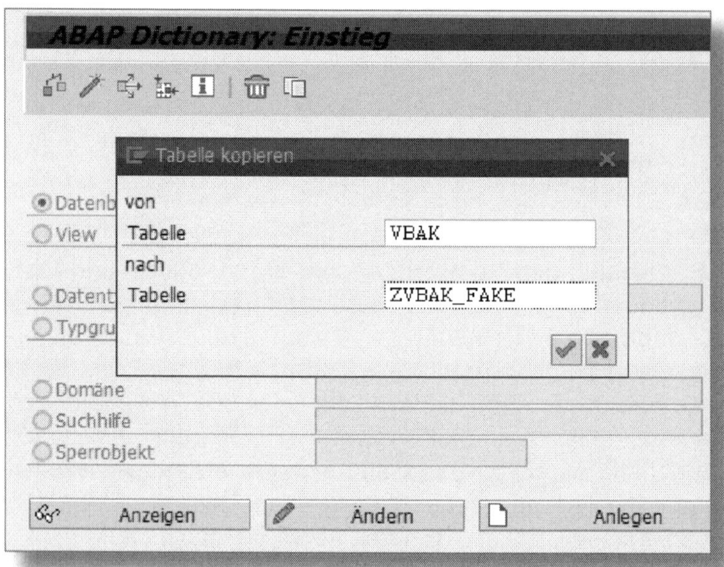


*Abbildung 4.9: Kopie Originaltabelle VBAK in Fake-Tabelle ZVBAK_FAKE*

Listing 4.11 enthält eine Testmethode, die die Tabelle ZVBAK_FAKE verwendet, um die Kopfdaten der Angebote zu lesen.

```
CLASS test_with_fake DEFINITION FOR TESTING
  DURATION SHORT RISK LEVEL HARMLESS FINAL.

  PRIVATE SECTION.
    DATA: under_test TYPE REF TO zangebote_abgesagt.

    CLASS-METHODS class_setup
      RAISING
```

```
        cx_static_check.

    METHODS setup.

    METHODS kopfdaten FOR TESTING
      RAISING
        cx_static_check.

    CLASS-METHODS class_teardown
      RAISING
        cx_static_check.

ENDCLASS.

CLASS zangebote_abgesagt DEFINITION LOCAL FRIENDS
  test_with_fake.

CLASS test_with_fake IMPLEMENTATION.

  METHOD class_setup.
    DATA: stub_kopfdaten TYPE STANDARD TABLE OF
      zvbak_fake.

    stub_kopfdaten = VALUE #(
      ( vbeln = '1' kunnr = '1'
        bstdk = '20190105' vbtyp = 'B' )
      ( vbeln = '2' kunnr = '2'
        bstdk = '20190110' vbtyp = 'B' )
      ( vbeln = '3' kunnr = '1'
        bstdk = '20190201' vbtyp = 'B' )
      ( vbeln = '4' kunnr = '1'
        bstdk = '20190107' vbtyp = 'C' ) ).

    DELETE FROM zvbak_fake.
    INSERT zvbak_fake FROM TABLE stub_kopfdaten.

    cl_osql_replace=>activate_replacement(
      replacement_table = VALUE #(
        ( source = 'VBAK' target = 'ZVBAK_FAKE' ) ) ).
```

```
ENDMETHOD.

METHOD setup.

  DATA(bestelldaten) = VALUE
    zangebote_abgesagt=>_bestelldaten(
    ( sign = 'I' option = 'BT'
      low = '20190101' high = '20190131' ) ).

  CREATE OBJECT under_test
    EXPORTING
      bestelldaten = bestelldaten
      kunden       =
        VALUE zangebote_abgesagt=>_kunden( )
      artikel      =
        VALUE zangebote_abgesagt=>_artikel( ).

ENDMETHOD.

METHOD kopfdaten.

  DATA(exp_ausschluss) = VALUE zangebots_kopfdaten(
    ( vbeln = '3' bstdk = '20190201' kunnr = '1' )
    ( vbeln = '4' bstdk = '20190107' kunnr = '1' ) ).
  DATA(exp_einschluss) = VALUE zangebots_kopfdaten(
    ( vbeln = '1' bstdk = '20190105' kunnr = '1' )
    ( vbeln = '2' bstdk = '20190110' kunnr = '2' ) ).

  under_test->get_angebotskopfdaten(
    IMPORTING
      kopfdaten = DATA(act_kopfdaten) ).

  LOOP AT exp_ausschluss ASSIGNING
      FIELD-SYMBOL(<exp_ausschluss>).
    cl_abap_unit_assert=>assert_table_not_contains(
      line = <exp_ausschluss> table = act_kopfdaten
      msg = 'Ausgeschlossener Beleg ist enthalten' ).
  ENDLOOP.

  LOOP AT exp_einschluss ASSIGNING
```

```
      FIELD-SYMBOL(<exp_einschluss>).
    cl_abap_unit_assert=>assert_table_contains(
      line = <exp_einschluss> table = act_kopfdaten
      msg = 'Angebot solle enthalten sein' ).
    ENDLOOP.

  ENDMETHOD.

  METHOD class_teardown.

    cl_osql_replace=>activate_replacement( ).

  ENDMETHOD.

ENDCLASS.
```

*Listing 4.11: SQL-Statements ersetzen mit Klasse cl_osql_replace*

Lassen Sie uns einen etwas genaueren Blick auf das Listing werfen: In der `class_setup`-Methode der Testklasse wird die Tabelle `zvbak_fake` präpariert, sodass diese drei Angebote und einen Kundenauftrag enthält. Danach teile ich der Klasse `cl_osql_replace` mit, dass sie die Anweisung `SELECT * FROM vbak` durch die Anweisung `SELECT * FROM zvbak_fake` ersetzen soll. Im Prüfling (hier die Methode `get_angebotskopfdaten`) verwende ich weiterhin die Originaltabelle. Den Ersatz durch die Fake-Tabelle überlasse ich der Klasse `cl_osql_replace`.

In der `class_teardown`-Methode muss der Klasse `cl_osql_replace` mitgeteilt werden, dass der Ersatz beendet ist und die nächste Datenbankabfrage tatsächlich wieder Daten aus der Originaltabelle liest. Dies wird durch einen Aufruf der Methode `cl_osql_replace=>activate_replacement( )` erreicht. Dieser Methode werden dabei keine Parameter übergeben.

**! Ersatz zur Laufzeit**

Überlassen Sie der Klasse `cl_osql_replace` den Ersatz der Originaltabelle durch die Fake-Tabelle. Verwenden Sie im produktiven Code ausschließlich die Originaltabellen.

### SQL-Statements ersetzen mit der Klasse CL_OSQL_TEST_ENVIRONMENT

Ein großer Nachteil der Klasse `cl_osql_replace` ist die Redundanz. Jede Tabelle, deren Inhalt Sie mit der Klasse `cl_osql_replace` ersetzen wollen, halten Sie doppelt im ABAP-Dictionary vor und müssen darauf achten, im produktiven Source-Code nur die Originaltabellen zu verwenden. Mit der Klasse `cl_osql_test_environment` hat die SAP im SAP NetWeaver Release 7.52 eine Alternative geschaffen, die ohne Fake-Tabellen auskommt.

Listing 4.12 zeigt, wie Sie diese Klasse einsetzen, um die Datenbestände in den Tabellen `VBAK` und `VBAP` zu simulieren. Im ersten Schritt erzeugen Sie mit der Fabrikmethode `cl_osql_test_environment=>create` eine Instanz des Interface `if_osql_test_environment`. Der Fabrikmethode geben Sie eine Liste mit den Tabellennamen mit, deren Inhalt zur Laufzeit ersetzt werden soll. Anschließend initialisieren Sie die Testumgebung mit der Methode `test_environment->clear_doubles( )` und rufen die Methode `insert_test_data` mit dem entsprechenden Inhalt der jeweiligen Tabelle auf.

```
DATA:
  kopfdaten TYPE STANDARD TABLE OF vbak,
  positionsdaten TYPE STANDARD TABLE OF vbap,
  test_environment TYPE REF TO if_osql_test_environment.

test_environment =
  cl_osql_test_environment=>create(
    VALUE #( ('VBAK' ) ( 'VBAP' ) ) ).
test_environment->clear_doubles( ).

kopfdaten = VALUE #(
  ( vbeln = '1' kunnr = '1' bstdk = '20190105' vbtyp = 'B' )
  ( vbeln = '2' kunnr = '2' bstdk = '20190110' vbtyp = 'B' )
  ( vbeln = '3' kunnr = '1' bstdk = '20190201' vbtyp = 'B' )
  ( vbeln = '4' kunnr = '1' bstdk = '20190107' vbtyp = 'C' )
).
test_environment->insert_test_data( kopfdaten ).

DATA(positionsdaten) = VALUE #(
```

```
  ( vbeln = '1' posnr = 10 matnr = '1' netpr = 100
    kpein = 1 kmein = 'ST' waerk = 'EUR' )
  ( vbeln = '1' posnr = 20 matnr = '2' netpr = 80
    kpein = 1 kmein = 'ST' waerk = 'EUR' )
  ( vbeln = '2' posnr = 10 matnr = '1' netpr = 110
    kpein = 1 kmein = 'ST' waerk = 'EUR' abgru = '02' )
  ( vbeln = '3' posnr = 10 matnr = '1' netpr = 100
    kpein = 1 kmein = 'ST' waerk = 'EUR' )
  ( vbeln = '4' posnr = 10 matnr = '1' netpr = 100
    kpein = 1 kmein = 'ST' waerk = 'EUR' )
).
test_environment->insert_test_data( positionsdaten ).
```

*Listing 4.12: Einsatz Klasse cl_osql_test_environment*

Die Methodenaufrufe aus Listing 4.12 platzieren Sie am besten in der `class_setup`-Methode Ihrer Testklasse, da diese nur einmal pro Testklasse gerufen werden können.

## 4.6 Testattrappen (Test Doubles)

Unit-Tests sollen immer nur eine bestimmte Komponente des Source Code testen und Laufzeitfehler in dieser Komponente finden. Dazu macht es in den folgenden Fällen Sinn, die *Abhängigkeiten* der Komponente zu anderen Komponenten durch Testattrappen zu ersetzen:

- Die Abhängigkeit dient dazu, Belege zu buchen, die eine umfangreiche Vorbereitung des Testszenarios notwendig machen (z. B. einen Rechnungseingangsbeleg, für den eine Bestellung und ein Wareneingang vorhanden sein müssen) und die nicht ohne die entsprechenden Vorarbeiten beliebig oft wiederholt werden können.
- Die Open SQL-Testumgebung aus Abschnitt 4.5 steht nicht zur Verfügung, und die Abhängigkeit dient dazu, Bewegungsdaten zu lesen, die sich häufig ändern, wie z. B. Bestände.

- Die Abhängigkeit dient zur Interaktion mit externen Schnittstellen, die nicht oder nur schwer mit der Klasse `cl_abap_unit_assert` zu verifizieren sind (z. B. Versenden einer E-Mail, Erstellung eines Formulars, Versenden eines IDoc).

Allgemein lässt sich sagen, dass Schnittstellen zwischen der Anwendungslogik und den externen Ressourcen durch Testattrappen ersetzt werden können. Aufgabe einer Testattrappe ist es, ein vorher definiertes Resultat zu liefern (beispielsweise einen vorher definierten Rückgabewert).

Testattrappen können Sie nur für Interfaces bzw. Klassen implementieren. Sie lassen sich in fünf Typen einteilen [4]:

1. *Dummy:* Ein Dummy ersetzt eine Abhängigkeiten durch eine Klasse mit leeren Methoden. Ein Dummy hat keine Funktion und kann z. B. den Ausdruck eines Formulars ersetzen.

2. *Stub:* Ein Stub ersetzt eine Abhängigkeit durch eine Klasse, deren Methoden definierte Ausgabe- oder Rückgabeparameter zurückgeben. Die Ausgabe- bzw. Rückgabeparameter sind bei Erstellung des Unit-Tests bekannt. Stubs ersetzen Methoden, die Antworten auf Abfragen geben.

3. *Mock:* Mocks (auch Mockups genannt) können die Eingabeparameter sowie die einzelnen Methoden, die der Prüfling gerufen hat, verifizieren, sie überprüfen Methoden, die Zustandsänderungen vornehmen.

4. *Spy:* Ein Spy zeichnet die einzelnen Methodenaufrufe mit den zugehörigen Eingabeparametern auf. Er wird zur Anlayse von Bestandscode verwendet.

5. *Fake:* Ein Fake ersetzt die ursprüngliche Implementierung der Abhängigkeit durch eine besser zu testende Implementierung.

Funktionsbausteine und Unterprogramme müssen mit einer Klasse umschlossen werden, damit sie durch Testattrappen zu ersetzen sind.

In den nächsten Abschnitten will ich Ihnen die Entwicklung eines Stubs sowie eines Mocks demonstrieren. Damit Sie diesen Abschnitten besser folgen können, möchte ich Ihnen zuvor kurz die Unterschiede zwischen statischen Methoden und Instanzmethoden erklären.

*Statische Methoden* sind Bestandteile einer Klasse. Sie können direkt aufgerufen werden, ohne dass zuvor eine Instanz der Klasse erzeugt werden muss, und haben nur Zugriff auf statische Attribute und statische Methoden. Um eine *Instanzmethode* aufzurufen, müssen Sie die Klasse mit den Anweisungen `CREATE OBJECT` oder `NEW` instanziieren und haben nach der Instanziierung Zugriff auf Instanzattribute und -methoden.

Instanzmethoden, die im öffentlichen oder im geschützten Bereich deklariert wurden, werden an jede Unterklasse vererbt. Allerdings können nur Instanzmethoden neu implementiert werden. Dies wiederum bedeutet, dass Sie in einer Testattrappe nur das Verhalten von Instanzmethoden verändern können. Statische Methoden müssen Sie entweder in Instanzmethoden umwandeln, oder sie bleiben unverändert in der Testattrappe erhalten.

#### Erzeugung der Testattrappe vom Typ »Stub« als Individuallösung

Die Erzeugung der Testattrappe will ich Ihnen wieder anhand des bereits vertrauten Codebeispiels »abgesagte Angebote« erläutern. Es enthält die Klasse `zangebote_abgesagt_stub_demo`. In dieser Klasse ist die Methode `angebote_kumulieren` ein klein wenig anders aufgebaut als in der Klasse `zangebote_abgesagt`. Diese Methode ruft, wie in Listing 4.13 ersichtlich, die statischen Methoden `get_angebotskopfdaten` und `get_angebotspositionen` auf. Diese beiden Methoden enthalten SQL-SELECT-Anweisungen, die die Kopf- und die Positionsdaten der Angebote lesen. Wie Sie in Listing 4.13 erkennen können, hat dies eine Abhängigkeit zwischen den Kopf- und Positionsdaten in der Datenbank und dem Ausgabeparameter `sum_kunde_artikel` der Methode `angebote_kumulieren` zur Folge.

Der Unit-Test der Methode `angebote_kumulieren` gestaltet sich wesentlich einfacher, wenn der Ausgabeparameter `sum_kunde_artikel` bei Erstellung des Unit-Tests von den Kopf- und Positionsdaten in der Datenbank entkoppelt wird. Durch diese Entkopplung wird der Unit-Test auch dann nicht fehlschlagen, wenn ein neues Angebot erfasst oder eine Angebotsposition gelöscht wird. Ein Stub, der die Ausgabeparameter der Methoden `get_angebotskopfdaten` und `get_angebotspositionen` durch bekannte und konstante Werte ersetzt, entkoppelt genau diese beiden Aspekte.

```
CLASS zangebote_abgesagt_stub_demo DEFINITION.

  PRIVATE SECTION.

    CLASS-METHODS get_angebotskopfdaten
      EXPORTING
        !kopfdaten type zangebots_kopfdaten
      RAISING
        zcx_angebot_abgesagt .

    CLASS-METHODS get_angebotspositionen
      IMPORTING
        !angebots_nummern TYPE zangebots_kopfdaten
      EXPORTING
        !positionsdaten TYPE zangebots_positionsdaten .

    METHODS angebote_kumulieren
      EXPORTING
        !sum_kunde_artikel TYPE summe_kunde_artikel
      RAISING
        zcx_angebot_abgesagt.

ENDCLASS.

CLASS zangebote_abgesagt_stub_demo IMPLEMENTATION.

  METHOD get_angebotskopfdaten.

    SELECT k~vbeln, k~kunnr, kd~bstdk FROM vbak AS k
      INNER JOIN vbkd AS kd ON kd~vbeln = k~vbeln
      INTO CORRESPONDING FIELDS OF TABLE @kopfdaten
      WHERE k~kunnr IN @kunden AND kd~bstdk IN @bestelldaten
```

```
    AND vbtyp = @vbtyp_angebot.
  IF sy-subrc <> 0.
    RAISE EXCEPTION TYPE zcx_angebot_abgesagt
      EXPORTING
        textid = zcx_angebot_abgesagt=>not_found.
  ENDIF.

ENDMETHOD.


METHOD get_angebotspositionen.
  DATA: belege TYPE RANGE OF vbeln.
  FIELD-SYMBOLS: <no>       TYPE zangebots_kopf,
                 <rno>      LIKE LINE OF belege,
                 <position> TYPE zangebots_position.

  LOOP AT angebots_nummern ASSIGNING <no>.
    APPEND INITIAL LINE TO belege ASSIGNING <rno>.
    <rno>-sign = 'I'.
    <rno>-option = 'EQ'.
    <rno>-low = <no>-vbeln.
  ENDLOOP.

  SELECT vbeln, posnr, matnr, netpr, kpein, kmein, abgru,
    waerk
    FROM vbap INTO CORRESPONDING FIELDS OF TABLE
    @positionsdaten
    WHERE vbeln IN @belege AND matnr IN @artikel AND
      netpr > 0.

  " Umrechnung der Mengeneinheit des Preises
  " auf die Einheit im Materialstamm
  LOOP AT positionsdaten ASSIGNING <position>.
    CALL FUNCTION 'MATERIAL_UNIT_CONVERSION'
      EXPORTING
        input                = <position>-kpein
        kzmeinh              = abap_true
        meinh                = <position>-kmein
        matnr                = <position>-matnr
      IMPORTING
```

```
        output                 = <position>-kpein
        meins                  = <position>-kmein
      EXCEPTIONS
        conversion_not_found = 2
        meinh_not_found      = 4
        no_meinh             = 6
        overflow             = 8.
    " Die restlichen Ausnahmen wurden nicht abgefangen,
    " da diese ihre Ursache in Programmierfehlern haben.
    " input_invalid kann nicht auftreten <position>-kpein
    "  vom Type p
    " output_invalid kann nicht auftreten <position>-kpein
    "  vom Type p
    IF sy-subrc <> 0.
      " Umrechnung nicht moeglich. Protokollieren.
      add_log_message( <position> ).
    ENDIF

  ENDLOOP.

ENDMETHOD.

METHOD angebote_kumulieren.

  DATA: sum            TYPE
        zangebot_summe_kunde_artikel,
        kopfdaten      TYPE zangebots_kopfdaten,
        positionsdaten TYPE zangebots_positionsdaten.
  FIELD-SYMBOLS: <kopf>     TYPE zangebots_kopf,
                 <position> TYPE zangebots_position.

  get_angebotskopfdaten( IMPORTING kopfdaten =
    kopfdaten ).
  get_angebotspositionen( EXPORTING angebots_nummern
    = kopfdaten
    IMPORTING positionsdaten = positionsdaten ).

  " Initialisierung
  CLEAR sum_kunde_artikel.
```

```
LOOP AT kopfdaten ASSIGNING <kopf>.

  CLEAR: sum.
  sum-kunnr = <kopf>-kunnr.
  " Monat Bestelldatum
  sum-monat = <kopf>-bstdk+0(6).

  LOOP AT positionsdaten ASSIGNING <position> WHERE
    vbeln = <kopf>-vbeln.

    sum-artikel = <position>-matnr.
    sum-anzahl_gesamt = 1.
    sum-kmein = <position>-kmein.
    sum-waerk = <position>-waerk.
    CLEAR: sum-anzahl_abgesagt, sum-
      netto_preis_von, sum-netto_preis_bis.

    READ TABLE sum_kunde_artikel INTO sum FROM sum.
    IF sy-subrc = 0.
      DELETE TABLE sum_kunde_artikel FROM sum.
      add_ang_to_summe( EXPORTING position =
        <position>
        CHANGING summe = sum ).
    ELSE.
      IF <position>-abgru = absage_grund_zu_teuer.
        sum-netto_preis_von = <position>-netpr.
        sum-netto_preis_bis = <position>-netpr.
        sum-kpein_von = <position>-kpein.
        sum-kpein_bis = <position>-kpein.
        sum-anzahl_abgesagt = 1.
      ENDIF.
    ENDIF.
    INSERT sum INTO TABLE sum_kunde_artikel.
    ASSERT sy-subrc = 0.

  ENDLOOP.

ENDLOOP.
```

```
  ENDMETHOD.

ENDCLASS.
```

*Listing 4.13: Ursprüngliche Definition der Klasse »zangebote_abgesagt_stub_demo«*

Bei den beiden Methoden `get_angebotskopfdaten` und `get_angebotspositionen` handelt es sich um statische Methoden. Wie bereits im letzten Abschnitt angesprochen, können Testattrappen nur Instanzmethoden beeinflussen. Deshalb muss die Definition der Klasse `zangebote_abgesagt_stub_demo` geändert werden. Die Implementierung bleibt unverändert. Die Methoden `get_angebotskopfdaten` und `get_angebotspositionen` werden in den geschützten Bereich verschoben und in Instanzmethoden umgewandelt. Zudem wird die Methode `angebote_kumulieren` in den geschützten Bereich verschoben. Listing 4.14 zeigt die neue Klassendefinition.

```
CLASS zangebote_abgesagt_stub_demo DEFINITION.

  PROTECTED SECTION.

    METHODS get_angebotskopfdaten
      EXPORTING
        !kopfdaten TYPE zangebots_kopfdaten
      RAISING
        zcx_angebot_abgesagt .

    METHODS get_angebotspositionen
      IMPORTING
        !angebots_nummern TYPE zangebots_kopfdaten
      EXPORTING
        !positionsdaten TYPE zangebots_positionsdaten .

    METHODS angebote_kumulieren
      EXPORTING
        !sum_kunde_artikel TYPE summe_kunde_artikel
      RAISING
```

```
        zcx_angebot_abgesagt.

ENDCLASS.
```

*Listing 4.14: Geänderte Definition der Klasse »zangebote_abgesagt_stub_demo«*

Die Testattrappe ist eine Unterklasse der Klasse `zangebote_abgesagt_stub_demo`. In dieser Unterklasse werden die Methoden `get_angebotskopfdaten` und `get_angebotspositionen` neu definiert, wie Listing 4.15 zeigt. Die SQL-Select-Anweisungen werden in dieser Unterklasse durch interne Tabellen ersetzt.

```
CLASS stub_kopf_positionsdaten DEFINITION
  INHERITING FROM zangebote_abgesagt_stub_demo
  FRIENDS test_angebote_abgesagt.

  PUBLIC SECTION.

    METHODS constructor.

  PROTECTED SECTION.

    " Ausgabeparameter enthaelt konstanten Wert
    " aus einer internen Tabelle
    METHODS get_angebotskopfdaten REDEFINITION.

    " Ausgabeparameter enthaelt konstanten Wert
    " aus einer internen Tabelle
    METHODS get_angebotspositionen REDEFINITION.

ENDCLASS.

CLASS stub_kopf_positionsdaten IMPLEMENTATION.

  METHOD constructor.
    DATA: bdt  TYPE
            zangebote_abgesagt_stub_demo=>_bestelldaten,
          kdt  TYPE zangebote_abgesagt_stub_demo=>_kunden,
```

```
          art  TYPE zangebote_abgesagt_stub_demo=>_artikel.

    " Dem constructor der Superklasse koennen leere
    " Parameter uebergeben werden, da die Selektionsoptionen
    " nur fuer die Datenbankabfragen benoetigt werden. Die
    " Datenbankabfragen werden ersetzt.
    super->constructor( bestelldaten = bdt kunden = kdt
      artikel = art ).

  ENDMETHOD.

  METHOD get_angebotskopfdaten.

    " Jetzt ersetzen wir das SQL-Select-Statement,
    " um unabhaengig von den Datenbankinhalten zu sein
    kopfdaten = VALUE #(
    ( vbeln = '1' kunnr = '1' bstdk = '20190110' )
    ( vbeln = '2' kunnr = '1' bstdk = '20190111' )
    ( vbeln = '3' kunnr = '2' bstdk = '20190110' ) ).

  ENDMETHOD.

  METHOD get_angebotspositionen.

    " Jetzt ersetzen wir das SQL-Select-Statement,
    " um unabhaengig von den Datenbankinhalten zu sein
    positionsdaten = VALUE #(
    " nicht abgesagt
    ( vbeln = '1' matnr = 'A1' netpr = 1400 kpein = 10
      kmein = 'ST' )
    " abgesagt
    ( vbeln = '1' matnr = 'A1' netpr = 1600 kpein = 10
      kmein = 'ST' abgru = absage_grund_zu_teuer )
    " abgesagt
    ( vbeln = '2' matnr = 'A2' netpr = 1000 kpein = 10
      kmein = 'ST' abgru = absage_grund_zu_teuer )
    ( vbeln = '3' matnr = 'A2' netpr = 1000 kpein = 10
      kmein = 'ST' ) ).
```

```
  ENDMETHOD.

ENDCLASS.
```

*Listing 4.15: Stub der Klasse »zangebote_abgesagt_stub_demo«*

Die Testklasse `test_angebote_abgesagt`, die die Methode `angebote_kumulieren` prüfen soll, ist ein »Freund« des Stubs, der in Listing 4.15 zu sehen ist. Diese Testklasse, die auszugsweise in Listing 4.16 dargestellt wird, braucht nur noch eine Instanz des Stubs zu erzeugen und kann den Ausgabeparameter `sum_kunde_artikel` der Methode `angebote_kumulieren` mit den erwarteten Resultaten abgleichen.

```
CLASS test_angebote_abgesagt DEFINITION FOR TESTING
  DURATION SHORT RISK LEVEL HARMLESS FINAL.

  PRIVATE SECTION.

    METHODS kumulation FOR TESTING
      RAISING
        zcx_angebot_abgesagt.

ENDCLASS.

CLASS test_angebote_abgesagt IMPLEMENTATION.

  METHOD kumulation.
    DATA: act_sum_kunde_artikel TYPE
          zangebote_abgesagt_stub_demo=>summe_kunde_artikel,
          exp_sum_kunde_artikel TYPE
          zangebote_abgesagt_stub_demo=>summe_kunde_artikel,
          cut_with_stub TYPE REF TO
          stub_kopf_positionsdaten.

    " Die erwarteten Resultate
    exp_sum_kunde_artikel = VALUE #(
    ( kunnr = '1' monat = '201901' artikel = 'A1'
      anzahl_gesamt = 2 kmein = 'ST' anzahl_abgesagt = 1
```

```
    netto_preis_von = 1600 netto_preis_bis = 1600
    kpein_von = 10 kpein_bis = 10 )
  ( kunnr = '1' monat = '201901' artikel = 'A2'
    anzahl_gesamt = 1 kmein = 'ST' anzahl_abgesagt = 1
    netto_preis_von = 1000 netto_preis_bis = 1000
    kpein_von = 10 kpein_bis = 10 )
  ( kunnr = '2' monat = '201901' artikel = 'A2'
    anzahl_gesamt = 1 kmein = 'ST' anzahl_abgesagt = 0 )
  ).

  CREATE OBJECT cut_with_stub.
  cut_with_stub->angebote_kumulieren(
    IMPORTING sum_kunde_artikel = act_sum_kunde_artikel ).

  " Jetzt Vergleich tatsaechliche und erwartete Daten
  cl_abap_unit_assert=>assert_equals(
    exp = exp_sum_kunde_artikel
    act = act_sum_kunde_artikel
    msg = 'Kumulation fehlerhaft' ).

 ENDMETHOD.

ENDCLASS.
```

*Listing 4.16: Testklasse, die den Stub verwendet*

### Erzeugung der Testattrappe vom Typ »Stub« mit der Klasse cl_abap_testdouble

Anstatt wie im letzten Abschnitt einen Stub als Individuallösung zu implementieren, können Sie die Klasse `cl_abap_testdouble` nutzen, um einen Stub zu erstellen. Dies funktioniert nur für Interfaces, nicht für Klassen. Daher müssen die Methoden `get_angebotskopfdaten` und `get_angebotspositionen` in ein Interface und eine Interfaceimplementierung verschoben werden (Listing 4.17).

```
INTERFACE zif_angebot_daten_extraktor
  PUBLIC .
```

```
  METHODS get_angebotskopfdaten
    EXPORTING
      !kopfdaten TYPE zangebots_kopfdaten
    RAISING
      zcx_angebot_abgesagt .
  METHODS get_angebotspositionen
    IMPORTING
      !angebots_nummern TYPE zangebots_kopfdaten
    EXPORTING
      !positionsdaten   TYPE zangebots_positionsdaten .

ENDINTERFACE.
```

*Listing 4.17: Interface Angebotsdatenextraktor*

Um dieses Interface im Beispiel »abgesagte Angebote« anzuwenden, habe ich die Klasse `zangebote_abgesagt_stub_demo` in die Klasse `zangebote_abgesagt_stub_demo1` kopiert und dort einige Modifikationen vorgenommen. Der `constructor` enthält den zusätzlichen Parameter `daten_extraktor`, die Methoden `get_angebotskopfdaten` und `get_angebotspositionen` wurden gegen die entsprechenden Interfacemethoden ausgetauscht (Listing 4.18).

```
CLASS zangebote_abgesagt_stub_demo1 DEFINITION
  PUBLIC
  CREATE PUBLIC .

  PUBLIC SECTION.

    METHODS constructor
      IMPORTING
        !bestelldaten    TYPE _bestelldaten
        !kunden          TYPE _kunden
        !artikel         TYPE _artikel
        !daten_extraktor TYPE REF TO
          zif_angebot_daten_extraktor.

ENDCLASS.

CLASS zangebote_abgesagt_stub_demo1 IMPLEMENTATION.
```

```
METHOD constructor.
  DATA log_header TYPE bal_s_log.
  FIELD-SYMBOLS: <e_empty> LIKE LINE OF artikel.

  me->bestelldaten = bestelldaten.
  me->kunden = kunden.
  me->artikel = artikel.
  me->daten_extraktor = daten_extraktor.
  "Angebot ohne Artikelnr. nicht beruecksichtigen
  IF space IN me->artikel.
    APPEND INITIAL LINE TO me->artikel
      ASSIGNING <e_empty>.
    <e_empty>-sign = 'E'.
    <e_empty>-option = 'EQ'.
  ENDIF.

  log_header-object = 'ZSD-SLS'.
  log_header-subobject = 'ZANG_ABGESAGT'.
  CALL FUNCTION 'BAL_LOG_CREATE'
    EXPORTING
      i_s_log      = log_header
    IMPORTING
      e_log_handle = log_handle.

ENDMETHOD.

METHOD angebote_kumulieren.
  DATA: sum            TYPE zangebot_summe_kunde_artikel,
        kopfdaten      TYPE zangebots_kopfdaten,
        positionsdaten TYPE zangebots_positionsdaten.
  FIELD-SYMBOLS: <kopf>     TYPE zangebots_kopf,
                 <position> TYPE zangebots_position.

  daten_extraktor->get_angebotskopfdaten(
    IMPORTING
      kopfdaten = kopfdaten ).
  daten_extraktor->get_angebotspositionen(
    EXPORTING
      angebots_nummern = kopfdaten
```

```
    IMPORTING
      positionsdaten = positionsdaten ).

  " Initialisierung
  CLEAR sum_kunde_artikel.

  LOOP AT kopfdaten ASSIGNING <kopf>.

    CLEAR: sum.
    sum-kunnr = <kopf>-kunnr.
    " Monat Bestelldatum
    sum-monat = <kopf>-bstdk+0(6).

    LOOP AT positionsdaten ASSIGNING <position>
      WHERE vbeln = <kopf>-vbeln.


      sum-artikel = <position>-matnr.
      sum-anzahl_gesamt = 1.
      sum-kmein = <position>-kmein.
      sum-waerk = <position>-waerk.
      CLEAR: sum-anzahl_abgesagt, sum-netto_preis_von,
        sum-netto_preis_bis.

      READ TABLE sum_kunde_artikel INTO sum FROM sum.
      IF sy-subrc = 0.
        DELETE TABLE sum_kunde_artikel FROM sum.
        add_ang_to_summe( EXPORTING position = <position>
          CHANGING summe = sum ).
      ELSE.
        IF <position>-abgru = absage_grund_zu_teuer.
          sum-netto_preis_von = <position>-netpr.
          sum-netto_preis_bis = <position>-netpr.
          sum-kpein_von = <position>-kpein.
          sum-kpein_bis = <position>-kpein.
          sum-anzahl_abgesagt = 1.
        ENDIF.
      ENDIF.
      INSERT sum INTO TABLE sum_kunde_artikel.
      ASSERT sy-subrc = 0.
```

```
        ENDLOOP.

      ENDLOOP.

    ENDMETHOD.

  ENDCLASS.
```

*Listing 4.18: Auszug aus Klasse zangebote_abgesagt_stub_demo1*

Die genaue Interfaceimplementierung ist für die Testattrappe uninteressant. Sie ersetzen sie in der Testklasse durch die Testattrappe (Listing 4.19). Im ersten Schritt erzeugen Sie mit der Fabrikmethode `cl_abap_testdouble=>create` eine leere Interfaceimplementierung. Im zweiten Schritt geben Sie mit der Anweisung `cl_abap_testdouble=> configure_call( result )->set_parameter( name = 'KOPFDATEN' value = kopfdaten )` an, dass der nächste Methodenaufruf einen Parameter mit Namen `KOPFDATEN` und mit dem Wert der internen Tabelle `kopfdaten` übergeben soll. Nach dieser Anweisung rufen Sie die Methode `get_angebotskopfdaten` auf. Damit weiß die Klasse `cl_abap_testdouble`, auf welche Methode sich der Parameter `KOPFDATEN` bezieht.

```
DATA result TYPE REF TO zif_angebot_daten_extraktor.

result = CAST zif_angebot_daten_extraktor(
  cl_abap_testdouble=>create(
    'ZIF_ANGEBOT_DATEN_EXTRAKTOR' ) ).

DATA(kopfdaten) = VALUE zangebots_kopfdaten(
  ( vbeln = '1' kunnr = '1' bstdk = '20190110' )
  ( vbeln = '2' kunnr = '1' bstdk = '20190111' )
  ( vbeln = '3' kunnr = '2' bstdk = '20190110' ) ).

cl_abap_testdouble=>configure_call(
  result )->set_parameter(
  name = 'KOPFDATEN' value = kopfdaten ).
result->get_angebotskopfdaten( ).
```

*Listing 4.19: Stub mit Klasse cl_abap_testdouble*

Listing 4.20 zeigt, wie Sie den Stub aus Listing 4.19 in die Testklasse einbinden.

```
CLASS test_angebote_abgesagt DEFINITION FOR TESTING
  DURATION SHORT RISK LEVEL HARMLESS FINAL.

  PRIVATE SECTION.
    DATA under_test TYPE REF TO
      zangebote_abgesagt_stub_demo1.

    METHODS setup
      RAISING
        zcx_angebot_abgesagt.

    METHODS prepare_stub
      RETURNING
        VALUE(result) TYPE REF TO
          zif_angebot_daten_extraktor
      RAISING
        zcx_angebot_abgesagt.

    METHODS kumulation FOR TESTING
      RAISING
        zcx_angebot_abgesagt.

ENDCLASS.

CLASS zangebote_abgesagt_stub_demo1 DEFINITION
  LOCAL FRIENDS test_angebote_abgesagt.

CLASS test_angebote_abgesagt IMPLEMENTATION.

  METHOD setup.

    CREATE OBJECT under_test
      EXPORTING
        bestelldaten = VALUE
          zangebote_abgesagt_stub_demo1=>_bestelldaten( )
        kunden       = VALUE
          zangebote_abgesagt_stub_demo1=>_kunden( )
```

```
      artikel      = VALUE
        zangebote_abgesagt_stub_demo1=>_artikel( )
      daten_extraktor = prepare_stub( ).

ENDMETHOD.

METHOD prepare_stub.

  result = CAST zif_angebot_daten_extraktor(
    cl_abap_testdouble=>create(
      'ZIF_ANGEBOT_DATEN_EXTRAKTOR' ) ).

  DATA(kopfdaten) = VALUE zangebots_kopfdaten(
    ( vbeln = '1' kunnr = '1' bstdk = '20190110' )
    ( vbeln = '2' kunnr = '1' bstdk = '20190111' )
    ( vbeln = '3' kunnr = '2' bstdk = '20190110' ) ).

  cl_abap_testdouble=>configure_call(
    result )->set_parameter(
    name = 'KOPFDATEN' value = kopfdaten ).
  result->get_angebotskopfdaten( ).

  DATA(positionsdaten) = VALUE zangebots_positionsdaten(
    ( vbeln = '1' matnr = 'A1' netpr = 1400 kpein = 10
      kmein = 'ST' )
    ( vbeln = '1' matnr = 'A1' netpr = 1600 kpein = 10
      kmein = 'ST' abgru = '02' )
    ( vbeln = '2' matnr = 'A2' netpr = 1000 kpein = 10
      kmein = 'ST' abgru = '02' )
    ( vbeln = '3' matnr = 'A2' netpr = 1000 kpein = 10
      kmein = 'ST' ) ).

  cl_abap_testdouble=>configure_call(
    result )->set_parameter(
    name = 'POSITIONSDATEN' value = positionsdaten ).
  result->get_angebotspositionen(
    EXPORTING
      angebots_nummern = kopfdaten ).
```

```
  ENDMETHOD.

  METHOD kumulation.
    DATA:
      act_sum_kunde_artikel TYPE
      zangebote_abgesagt_stub_demo1=>summe_kunde_artikel,
      exp_sum_kunde_artikel TYPE
      zangebote_abgesagt_stub_demo1=>summe_kunde_artikel.

    exp_sum_kunde_artikel = VALUE #(
    ( kunnr = '1' monat = '201901' artikel = 'A1'
      anzahl_gesamt = 2
      kmein = 'ST' anzahl_abgesagt = 1
      netto_preis_von = 1600
      netto_preis_bis = 1600 kpein_von = 10 kpein_bis = 10 )
    ( kunnr = '1' monat = '201901' artikel = 'A2'
      anzahl_gesamt = 1 kmein = 'ST' anzahl_abgesagt = 1
      netto_preis_von = 1000
      netto_preis_bis = 1000 kpein_von = 10 kpein_bis = 10 )
    ( kunnr = '2' monat = '201901' artikel = 'A2'
      anzahl_gesamt = 1 kmein = 'ST' anzahl_abgesagt = 0 )
    ).

    under_test->angebote_kumulieren(
     IMPORTING
       sum_kunde_artikel = act_sum_kunde_artikel ).

    cl_abap_unit_assert=>assert_equals(
      exp = exp_sum_kunde_artikel
      act = act_sum_kunde_artikel
      msg = 'Kumulation fehlerhaft' ).

  ENDMETHOD.

ENDCLASS.
```

*Listing 4.20: Stub mit Klasse cl_abap_testdouble*

### Erzeugung der Testattrappe vom Typ »Mock« als Individuallösung

Mocks sollen Methodenaufrufe aufzeichnen, die Zustandsänderungen vornehmen oder mit externen Schnittstellen interagieren. Als Beispiel betrachten wir den Unit-Test einer Klasse, die die Passagiere über Flugverspätungen informiert. Alle Passagiere geben bei ihrer Flugbuchung entweder E-Mail-Adresse oder Handynummer an. Ist der Flug verspätet, werden die Kunden per E-Mail oder SMS über die Verspätung informiert. Um dem Single-Responsibility-Prinzip (vgl. Abschnitt 2.3.3) gerecht zu werden, wird das Versenden der E-Mail bzw. der SMS durch Implementierung des Interface `zif_send_info` bewerkstelligt, das in Listing 4.21 dargestellt ist. Der Einfachheit halber habe ich in diesem Interface auf jegliche Ausnahmen verzichtet. In einem realen Projekt müssten Ausnahmen natürlich mitberücksichtigt werden.

```
INTERFACE zif_send_info PUBLIC.

  "! set message with title and body
  METHODS set_message
    IMPORTING
      title TYPE string
      body TYPE string.

  METHODS add_receiver
    IMPORTING
      receiver TYPE clike.

  METHODS send.

ENDINTERFACE.
```

*Listing 4.21: Interface »zif_send_info« stellt die Schnittstelle zum Senden einer E-Mail/SMS zur Verfügung*

Die Testattrappe soll das Interface `zif_send_info` in Listing 4.21 implementieren. Der Prüfling besteht aus der Klasse `zflight_delayed`, die in Listing 4.22 dargestellt wird und das Interface `zif_send_info` verwendet.

```
CLASS zflight_delayed DEFINITION.

  PUBLIC SECTION.

    METHODS constructor
      IMPORTING
        flight TYPE sflight.

    METHODS send_info.

  PROTECTED SECTION.
    TYPES: BEGIN OF ty_customer_contact,
      mail_address TYPE string,
      phone(20) TYPE c,
    END OF ty_customer_contact.
    TYPES tty_customer_contact TYPE STANDARD TABLE OF
      ty_customer_contact.

    DATA: send_mail TYPE REF TO zif_send_info,
          send_sms TYPE REF TO zif_send_info,
          flight TYPE sflight.

    METHODS create_send_objects.

    METHODS send_info_to_customer
      IMPORTING
        customer_contact TYPE tty_customer_contact.

    METHODS get_customer_contact
      EXPORTING
        customer_contact TYPE tty_customer_contact.

    METHODS get_message
      EXPORTING
        title TYPE string
        body TYPE string.

ENDCLASS.

CLASS zflight_delayed IMPLEMENTATION.
```

```
METHOD constructor.

  me->flight = flight.

ENDMETHOD.

METHOD create_send_objects.
  DATA: title TYPE string,
        body TYPE string.

  get_message(
    IMPORTING title = title body = body ).

  CREATE OBJECT send_mail TYPE zsend_info_mail.
  send_mail->set_message( title = title
    body = body ).
  CREATE OBJECT send_sms TYPE zsend_info_sms.
  send_sms->set_message( title = title
    body = body ).

ENDMETHOD.

METHOD send_info.
  DATA: customer_contact TYPE tty_customer_contact.

  create_send_objects( ).
  get_customer_contact( IMPORTING customer_contact =
    customer_contact ).
  send_info_to_customer( customer_contact ).

ENDMETHOD.

METHOD send_info_to_customer.
  FIELD-SYMBOLS: <con> TYPE ty_customer_contact.

  LOOP AT customer_contact ASSIGNING <con>.
    IF <con>-mail_address IS NOT INITIAL.
      " send per mail
      send_mail->add_receiver( <con>-mail_address ).
```

```
        ELSE.
          send_sms->add_receiver( <con>-phone ).
        ENDIF.
      ENDLOOP.
      send_mail->send( ).
      send_sms->send( ).

    ENDMETHOD.

    METHOD get_message.

      title = 'Flight delayed'.
      body = |Your flight { flight-carrid }|.
      body = body && |{ flight-connid } is delayed.|.

    ENDMETHOD.

  ENDCLASS.
```

*Listing 4.22: Prüfling Klasse zflight_delayed*

Die Methode `send_info` in Listing 4.22 soll durch einen Unit-Test verifiziert werden. Das Senden der E-Mail bzw. der SMS wird durch separate Interface-Implementierungen (Mocks) ersetzt. Diese Mocks zeichnen die Empfänger auf, die der Methode `add_receiver` übergeben wurden, und verifizieren, dass die Methode `send` einmal für das Senden der E-Mails und einmal für das Senden der SMS aufgerufen wurde. Listing 4.23 stellt den Mock dar, der als Testattrappe sowohl für das Senden der E-Mails als auch der SMS verwendet werden kann.

```
CLASS zmock_send_info DEFINITION FINAL.

  PUBLIC SECTION.
    TYPES: ty_receiver TYPE STANDARD TABLE OF string.

    INTERFACES zif_send_info.

    METHODS verify_receiver
      IMPORTING
```

```
        exp_receiver TYPE ty_receiver.

    METHODS verify_send.

  PRIVATE SECTION.
    DATA: act_receiver TYPE ty_receiver,
          send_is_called TYPE int1.

ENDCLASS.

CLASS zmock_send_info IMPLEMENTATION.

  ##NEEDED
  METHOD zif_send_info~set_message.

  ENDMETHOD.

  METHOD zif_send_info~add_receiver.

    APPEND CONV string( receiver ) TO act_receiver.

  ENDMETHOD.

  METHOD zif_send_info~send.

    ADD 1 TO send_is_called.

  ENDMETHOD.

  METHOD verify_receiver.

    cl_abap_unit_assert=>assert_equals( exp = exp_receiver
      act = act_receiver
      msg = 'Receiver not as expected' ).

  ENDMETHOD.

  METHOD verify_send.

    cl_abap_unit_assert=>assert_equals( exp = 1
```

```
      act = send_is_called
      msg = 'Method send not invoked one time' ).

  ENDMETHOD.

ENDCLASS.
```

*Listing 4.23: Mock für das Interface »zif_send_info«*

Die Testklasse (Listing 4.24) ist eine Unterklasse der Klasse `zflight_delayed` (Listing 4.22) In dieser Testklasse wird die Methode `create_send_objects` neu implementiert, damit sie anstelle der Originalinstanzen, die die E-Mails bzw. die SMS versenden, Instanzen des Mocks aus Listing 4.23 erzeugt.

```
CLASS test_flight_delayed DEFINITION
  INHERITING FROM zflight_delayed
  FOR TESTING DURATION SHORT RISK LEVEL HARMLESS.

  PUBLIC SECTION.

    METHODS constructor.

  PROTECTED SECTION.

    METHODS create_send_objects REDEFINITION.

    METHODS get_customer_contact REDEFINITION.

  PRIVATE SECTION.

    METHODS should_send_mail_and_sms FOR TESTING.

ENDCLASS.

CLASS test_flight_delayed IMPLEMENTATION.

  METHOD constructor.

    super->constructor( flight
```

```
      = VALUE #( carrid = 'LH' connid = '772' ) ).

  ENDMETHOD.

  METHOD create_send_objects.

    CREATE OBJECT send_mail TYPE zmock_send_info.
    CREATE OBJECT send_sms TYPE zmock_send_info.

  ENDMETHOD.

  METHOD get_customer_contact.

    customer_contact = VALUE #(
    " customer with mail
    ( mail_address = 'mail@domain.com' )
    " customer with phone
    ( phone = '0049111100' ) ).
  ENDMETHOD.

  METHOD should_send_mail_and_sms.
    DATA: verify_mail TYPE REF TO zmock_send_info,
          verify_sms TYPE REF TO zmock_send_info,
          exp_receiver TYPE zmock_send_info=>ty_receiver.

    send_info( ).

    " Verification
    verify_mail ?= send_mail.
    verify_sms ?= send_sms.

    CLEAR exp_receiver.
    APPEND 'mail@domain.com' TO exp_receiver.
    verify_mail->verify_receiver( exp_receiver ).
    Verify_mail->verify_send( ).

    CLEAR exp_receiver.
    APPEND '0049111100' TO exp_receiver.
    verify_sms->verify_receiver( exp_receiver ).
    Verify_sms->verify_send( ).
```

```
  ENDMETHOD.

ENDCLASS.
```

*Listing 4.24: Testklasse mit Mocks*

Wie Sie in Listing 4.24 erkennen können, übernimmt die Testattrappe die Verifikation der Resultate.

### Erzeugung der Testattrappe vom Typ »Mock« mit der Klasse cl_abap_testdouble

Anstatt wie im letzten Abschnitt einen Mock als Individuallösung zu implementieren, können Sie, wie bereits im vorletzten Abschnitt gezeigt, die Klasse `cl_abap_testdouble` nutzen, um Mocks für Interfaces zu erstellen.

Listing 4.25 zeigt die Erstellung eines Mocks mit der Klasse `cl_abap_testdouble`. Im ersten Schritt erzeugt die Fabrikmethode `cl_abap_testdouble=>create` eine leere Interfaceimplementierung. Im zweiten Schritt geben Sie mit der Anweisung `cl_abap_testdouble=>configure_call( send_mail )->times( 1 )` an, dass der anschließende Methodenaufruf einmal erfolgen soll.

```
send_mail = CAST zif_send_info(
  cl_abap_testdouble=>create( 'ZIF_SEND_INFO' ) ).

cl_abap_testdouble=>configure_call( send_mail )->times( 1 ).
send_mail->add_receiver( 'mail@domain.com' ).
```

*Listing 4.25: Mockup mit Klasse cl_abap_testdouble*

Listing 4.26 zeigt die gesamte Testklasse. In der Methode `create_send_objects` erfolgt der Aufbau des Mocks für den E-Mail-Versand sowie desjenigen für den SMS-Versand, wie in Listing 4.25 demonstriert. Nach Aufruf des Prüflings prüft die Methode `cl_abap_testdouble=>verify_expectations`, ob die Erwartungen erfüllt sind.

```
CLASS test_flight_delayed DEFINITION
  INHERITING FROM zflight_delayed
  FOR TESTING DURATION SHORT RISK LEVEL HARMLESS.

  PUBLIC SECTION.

    METHODS constructor.

  PROTECTED SECTION.

    METHODS create_send_objects REDEFINITION.

    METHODS get_customer_contact REDEFINITION.

  PRIVATE SECTION.

    METHODS should_send_mail_and_sms FOR TESTING.

ENDCLASS.

CLASS test_flight_delayed IMPLEMENTATION.

  METHOD constructor.

    super->constructor( flight
      = VALUE #( carrid = 'LH' connid = '772' ) ).

  ENDMETHOD.

  METHOD create_send_objects.

    send_mail = CAST zif_send_info(
      cl_abap_testdouble=>create( 'ZIF_SEND_INFO' ) ).
    cl_abap_testdouble=>configure_call(
      send_mail )->times( 1 ).
    send_mail->add_receiver( 'mail@domain.com' ).

    send_sms = CAST zif_send_info(
      cl_abap_testdouble=>create( 'ZIF_SEND_INFO' ) ).
    cl_abap_testdouble=>configure_call(
```

```
      send_mail )->times( 1 ).
    send_sms->add_receiver( '0049111100' ).

  ENDMETHOD.

  METHOD get_customer_contact.

    customer_contact = VALUE #(
      " customer with mail
      ( mail_address = 'mail@domain.com' )
      " customer with phone
      ( phone = '0049111100' ) ).

  ENDMETHOD.

  METHOD should_send_mail_and_sms.

    send_info( ).

    cl_abap_testdouble=>verify_expectations( send_mail ).
    cl_abap_testdouble=>verify_expectations( send_sms ).

  ENDMETHOD.

ENDCLASS.
```

*Listing 4.26: Testklasse mit Mocks*

## 4.7 Zugriff auf den privaten Bereich

Testklassen, die auf private Attribute oder Methoden der zu testenden Klasse (*class under test*) zugreifen müssen, können in einer »Freundesbeziehung« stehen.

Listing 4.28 zeigt die Freundesbeziehung zwischen der globalen Klasse (Class-Pool) `zcl_under_test` in Listing 4.27 und ihrer Testklasse `test_private_access`.

```
CLASS zcl_under_test DEFINITION PUBLIC CREATE PUBLIC.

  PRIVATE SECTION.
    DATA some_private_data TYPE string.

ENDCLASS.
```

*Listing 4.27: Globale Klasse »zcl_under_test« mit privaten Attributen*

```
CLASS test_private_access DEFINITION FOR TESTING DURATION
  SHORT RISK LEVEL HARMLESS.

  PRIVATE SECTION.
    DATA cut TYPE REF TO zcl_under_test.

    METHODS testclass_has_access FOR TESTING.

ENDCLASS.

CLASS zcl_under_test DEFINITION LOCAL FRIENDS
  test_private_access.

CLASS test_private_access IMPLEMENTATION.

  METHOD testclass_has_access.

    CREATE OBJECT cut.
    cut->some_private_data = 'SETUP'.

  ENDMETHOD.

ENDCLASS.
```

*Listing 4.28: Testklasse und zugleich Freund der Klasse »zcl_under_test«*

Die Anweisung `CLASS zcl_under_test DEFINITION LOCAL FRIENDS test_private_access` wird direkt in das Include-Programm für Testklassen eingefügt. Ergänzen Sie die Anweisung in den öffentlichen

Bereich der Klasse, so bekommen Sie immer wieder Syntaxfehler. Der Class-Builder wandelt Freundesbeziehungen zu lokalen Klassen im öffentlichen Bereich um.

Listing 4.29 zeigt, wie die Freundesbeziehung zwischen der lokalen Klasse `lcl_under_test` und ihrer Testklasse `test_private_access` implementiert werden kann.

```
CLASS lcl_under_test DEFINITION DEFERRED.

CLASS test_private_access DEFINITION FOR TESTING DURATION
  SHORT RISK LEVEL HARMLESS.

  PRIVATE SECTION.
    DATA cut TYPE REF TO lcl_under_test.

    METHODS testclass_has_access FOR TESTING.

ENDCLASS.

CLASS lcl_under_test DEFINITION FRIENDS test_private_access.

  PRIVATE SECTION.
    DATA some_private_data TYPE string.

ENDCLASS.

CLASS test_private_access IMPLEMENTATION.

  METHOD testclass_has_access.

    CREATE OBJECT cut.
    cut->some_private_data = 'SETUP'.

  ENDMETHOD.

ENDCLASS.
```

*Listing 4.29: Freundesbeziehung zwischen einer lokalen Klasse und ihrer Testklasse*

## 4.8 Testgetriebene Entwicklung (Test Driven Development)

Das Ziel einer *testgetriebenen Entwicklung* (oft abgekürzt mit TDD) besteht darin, Unit-Tests parallel zur Entwicklung des produktiven Codes einzusetzen. Die Idee hinter der testgetriebenen Entwicklung ist, dass zuerst die Klassen- oder Interfaceschnittstelle festgelegt wird. Basierend auf dieser Schnittstelle werden die Unit-Tests implementiert, und erst danach wird die Klasse ausprogrammiert. Die Unit-Tests spezifizieren, wie die Klasse zu implementieren ist. Nach ihnen richtet sich die Implementierung der Methoden.

**☛ TDD ist Expertensache**

TDD ist Expertensache, die genau spezifizierte Klassenschnittstellen, viel Erfahrung mit Testattrappen und ein hohes Abstraktionsvermögen erfordert. Für Anfänger eignet sich eher der klassische Weg (zuerst Entwicklung und danach Unit-Test).

Testgetriebene Entwicklung findet bei der »Entwicklung von außen nach innen« (Outside-In-Design) Anwendung. Das bedeutet, dass die Komponenten der Benutzerschnittstelle zuerst entworfen werden. Basierend auf der Benutzerschnittstelle folgt dann die Anwendungslogik.

Für das MVC-Prinzip würde dies bedeuten, dass zunächst die Views entworfen werden, danach der Controller und erst zum Schluss das Model. Der Controller ist während der Entwicklung des Views nur ein Interface, das an die Bedürfnisse der Views angepasst wird. Damit die Implementierung des Views getestet werden kann, wird eine Testattrappe (Mock) des Controllers erzeugt. Dieser Mock stellt sicher, dass die Methoden des Controllers wie erwartet aufgerufen werden.

Sobald das Interface des Controllers festgelegt wurde, werden die Unit-Tests des Controllers entworfen. Das Model wird zuerst auch nur als Interface modelliert, und in den Unit-Tests wird eine Testattrappe des Models verwendet.

## 4.9 Integrationstests mit ECATT

In den Unit-Tests werden die einzelnen Komponenten isoliert voneinander betrachtet. Dagegen liegt im *Integrationstest* der Fokus auf dem Zusammenspiel des kompletten Systems.

Die folgende Liste zeigt einige Punkte, die in einem Unit-Test nur schwer zu verifizieren sind und daher Bestandteile des Integrationstests sein sollten:

1. Berechtigungen,
2. Datenbanksperren (Werden diese korrekt gesetzt und wieder aufgelöst? Kann nur eine Session die Daten gleichzeitig ändern?),
3. Verbuchung, schreibende SQL-Statements,
4. Interaktionen über das User Interface,
5. Code-Abschnitte, die in den Unit-Tests durch Testattrappen ersetzt wurden.

Kleinere Systeme können manuell getestet werden. Für größere Systeme wurde das *Extended Computer Aided Test Tool (ECATT)* entwickelt, das seit SAP NetWeaver Release 6.20 zur Verfügung steht.

ECATT gestattet es Ihnen ebenso wie ABAP Unit, die Ausführung der Tests und den Abgleich der erwarteten mit den tatsächlichen Resultaten zu automatisieren. Wie bei den Unit-Tests muss der Mensch das Testszenario festlegen.

Im Vergleich zu Unit-Tests kann ECATT über das *GUI Scripting* auch Interaktionen mit der SAP GUI automatisieren.

ECATT wird entweder über die Transaktion *SECATT* oder über den Menüpunkt TEST REPOSITORY in der Transaktion *SE80* gerufen. Nach dem Aufruf dieser Transaktion werden Sie zum in Abbildung 4.10 gezeigten Einstiegsbild geführt.

Extended Computer Aided Test Tool: Einstieg

Objekt wählen

| | |
|---|---|
| ◉ Testkonfiguration | ZTEST_PFLEGEVIEW |
| ○ Testskript | ZTEST_PFLEGEVIEW |
| Version | 1 |
| ○ Validierungsobjekt | |
| ○ Testdaten | |
| Version | |
| ○ Systemdaten | |
| ○ Startprofil | |

*Abbildung 4.10: Einstiegsbild der Transaktion SECATT*

Wie hier zu sehen, werden in ECATT verschiedene Objekte zur Testautomatisierung erstellt. Die Konzepte hinter den vier am häufigsten verwendeten Objekten stelle ich Ihnen in den folgenden Abschnitten vor:

- 4.9.1 Systemdaten,
- 4.9.2 Testskripte,
- 4.9.3 Startprofile und Testkonfigurationen.

In Abschnitt 4.9.4 folgen zum Abschluss noch zwei Beispiele, die Ihnen die Entwicklung und die Ausführung von Testskripten verdeutlichen sollen.

## 4.9.1 Systemdaten (Systemdatencontainer)

ECATT kann die Integrationstests auch in Remote-Systemen durchführen. Legen Sie, wie in Abbildung 4.11 gezeigt, im Feld SYSTEMDA-

TENCONTAINER die möglichen Remote-Systeme mit den jeweiligen RFC-DESTINATIONEN fest. Die Destination *NONE* verweist dabei immer auf das lokale System.

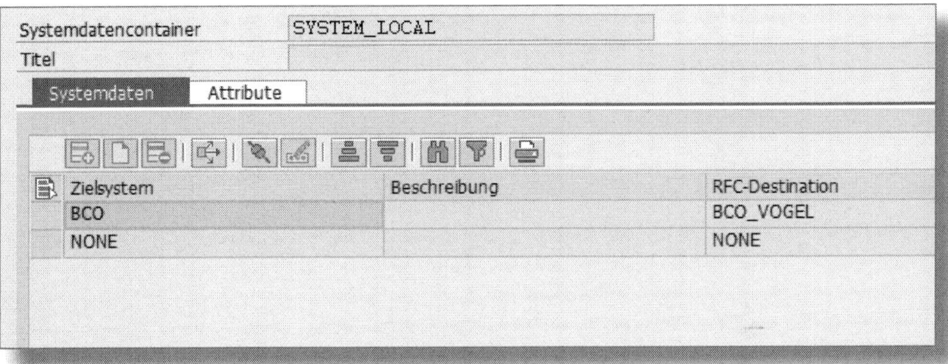


*Abbildung 4.11: Systemdatencontainer*

Den Systemdatencontainer benötigen Sie im Übrigen auch in den Testskripten sowie in den Startprofilen und Testkonfigurationen.

## 4.9.2 Aufbau und Definition eines Testskriptes

Wenn Sie die Testausführung mit ECATT automatisieren wollen, benötigen Sie als Erstes ein *Testskript*. Geben Sie dazu in Abbildung 4.10 den Skriptnamen ein und wählen ANLEGEN. Testskripte besitzen eine eigene Syntax. Einer der Hauptunterschiede zwischen Testskripten und ABAP-Programmen ist die Variablendeklaration. Variablen können Sie in Testskripten nicht mit der Anweisung DATA deklarieren. Stattdessen werden alle Variablen zentral in der *Parameter*- bzw. der *Kommandoschnittstelle* festgelegt. Zudem verwenden Sie in Testskripten eigene Kommandos, die es in ABAP-Programmen nicht gibt. Mehr über die Schnittstellen und Kommandos erfahren Sie in den nächsten Unterabschnitten.

### Parameter- und Kommandoschnittstelle

Die *Parameterschnittstelle* definiert – ähnlich wie die Signatur einer Prozedur – alle Variablen, die in den Testskripten verwendet werden können. In ihr werden zwei Parameterarten festgelegt:

- importierte Variablen,
- lokale Variablen.

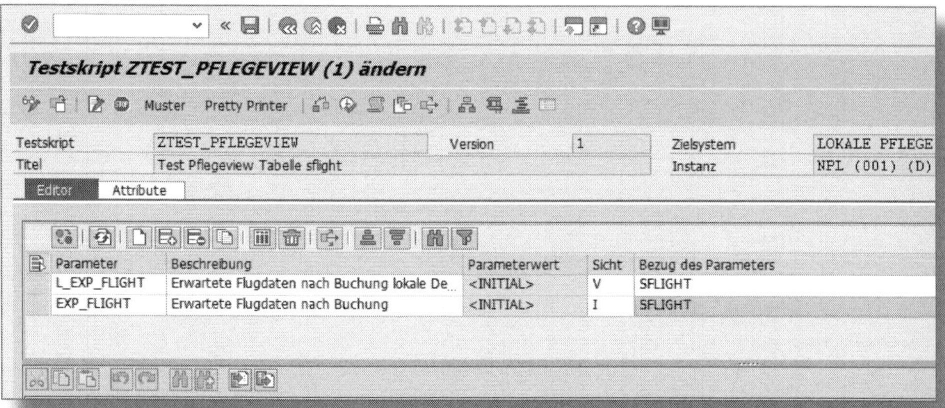


*Abbildung 4.12: Parameterschnittstelle des Testskriptes ZTEST_PFLEGEVIEW*

Abbildung 4.12 zeigt eine Parameterschnittstelle mit der importierten Variablen `exp_flight` und mit der lokalen Variablen `l_exp_flight`. In der Spalte SICHT erhalten importierte Variablen den Wert »I« und lokale Variablen den Wert »V«.

Die *Kommandoschnittstelle* enthält Variablen für die einzelnen Kommandos. Diese Variablen werden automatisch angelegt, sodass Sie die Kommandoschnittstelle nicht manuell zu pflegen brauchen. In Abbildung 4.12 erreichen Sie die Kommandoschnittstelle unter dem Register EDITOR über den Button .

### Kontrollstrukturen und logische Ausdrücke

Die Syntax für Kontrollstrukturen und logische Ausdrücke ist in ABAP und Testskripten identisch. Kontrollstrukturen können mit den Anweisungen `IF`, `ELSEIF` und `ENDIF` implementiert werden.

### SAPGUI-Kommando

In Testskripten existiert das SAPGUI-Kommando. Dieses Kommando führt wie im Batch-Input Dialogschritte in einer Transaktion aus. Diese Dialogschritte müssen Sie zuerst aufzeichnen.

Die Aufzeichnung ist nur mit einem aktivierten GUI Scripting möglich. Dieses wird serverseitig durch den Parameter `sapgui/user_scripting` in der Transaktion *RZ11* und clientseitig in den GUI-Einstellungen aktiviert. In Abbildung 4.13 sehen Sie die clientseitige Aktivierung des GUI Scriptings in der SAP GUI.

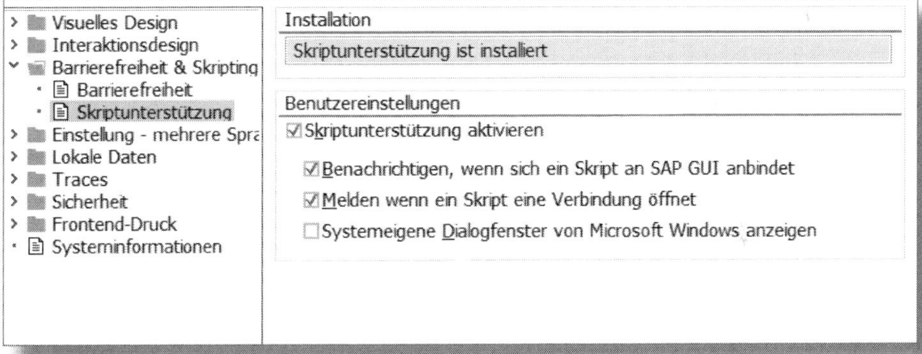


*Abbildung 4.13: Clientseitige Aktivierung des GUI Scriptings*

Zudem muss der Systemdatencontainer, der die RFC-Destinationen für den Test enthält, in den Attributen des Testskriptes spezifiziert werden.

Das SAPGUI-Kommando benötigt einen Parameter aus der Kommandoschnittstelle. Die Aufzeichnung erstellt diesen Parameter selbst, sodass Sie ihn nicht in der Parameterschnittstelle deklarieren müssen.

### MESSAGE- und ENDMESSAGE-Kommando

Meldungen, die dem Benutzer während der Aufzeichnung angezeigt wurden, werden ähnlich wie im Batch-Input protokolliert und können innerhalb des Skriptes geprüft werden. Für diesen Zweck verwenden Sie in Testskripten die Kommandos `MESSAGE` und `ENDMESSAGE`. Beide Kommandos legen automatisch eine Variable in der Kommandoschnittstelle an.

### ABAP und ENDABAP

Zwischen den Kommandos `ABAP` und `ENDABAP` können Sie ABAP Source Code implementieren. Innerhalb des ABAP-Anweisungsblocks ist der Zugriff auf lokale Variablen möglich, die in der Parameterschnittstelle des Testskriptes deklariert wurden.

### CHEVAR

Das Kommando `CHEVAR` prüft eine Variable aus der Parameterschnittstelle. Diesem Kommando können Sie keine Strukturen oder internen Tabellen übergeben.

Die Vergleichsoperatoren =, <>, <, <=, >, >= werden unterstützt. Ebenso können Sie Ausdrücke mit `AND` oder `OR` verknüpfen.

### CHETAB

Das Kommando `CHETAB` prüft die Existenz eines Datensatzes in der Datenbank. Von der Prüfung sind nur die Felder des Primärschlüssels betroffen. Dem Kommando geben Sie zwei Parameter mit: den Tabellennamen und den Datensatz. Letzterer wird automatisch als Variable in der Kommandoschnittstelle angelegt. Ein Doppelklick auf den Datensatz öffnet den in Abbildung 4.14 gezeigten Pflegedialog.

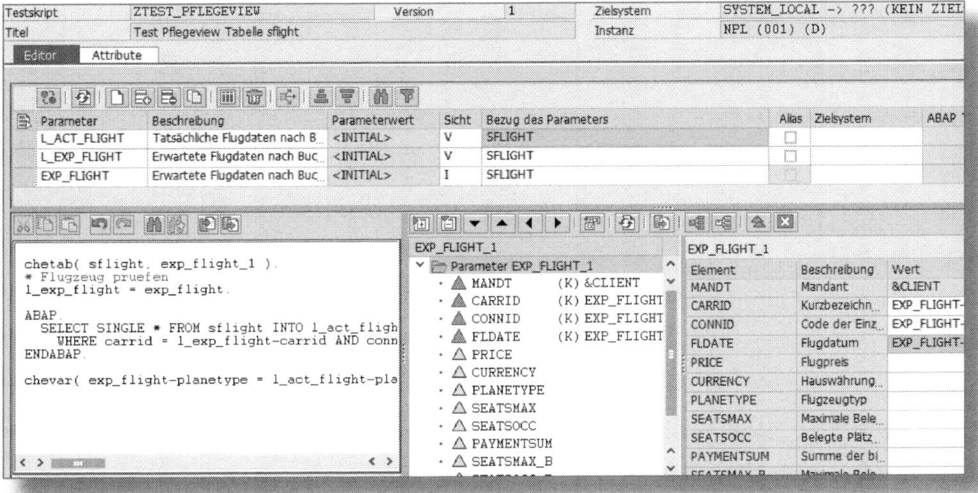


*Abbildung 4.14: Eingabe Primärschlüsselfelder im CHETAB-Kommando*

## 4.9.3 Startprofile und Testkonfigurationen

Ein *Startprofil* legt die Startoptionen des Testskriptes fest. Wie in Abbildung 4.15 ersichtlich, besteht das Startprofil aus fünf Reitern:

- ALLGEMEIN – Festlegen des Ausführungsverhaltens für den Systemdatencontainer, das Zielsystem und die Protokollerstellung;
- UI ANSTEUERUNG – Steuern des Abspielmodus des SAPGUI-Kommandos; diesen Reiter können Sie im Regelfall überspringen;
- DATEN FÜR TESTABLAUF – vorbelege Parameter des Testskripts;
- ABDECKUNGSMESSUNG – Aktiveren oder Deaktivieren der Abdeckungsmessung; standardmäßig ist sie deaktiviert;
- ATTRIBUTE – hierzu zählen der Titel, die verantwortliche Person, die Anwendungskomponente sowie Suchbegriffe.

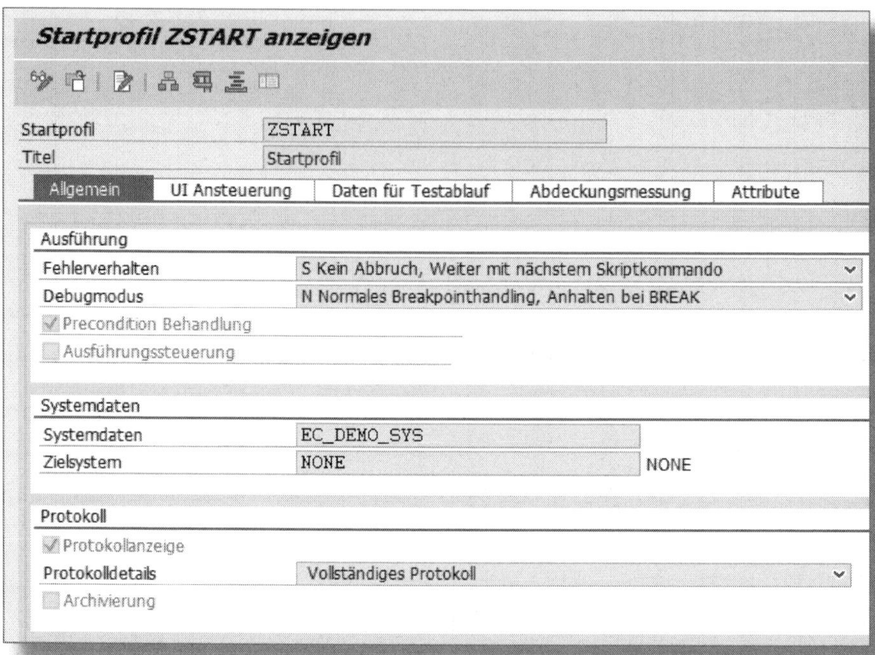


*Abbildung 4.15: Testskript-Startprofil*

**Abdeckungsmessung verwenden**

Um die Abdeckungsmessung zu verwenden, achten Sie darauf, dass der Coverage Analyzer (Transaktion *SCOV*) wie in Abbildung 4.16 eingeschaltet ist.

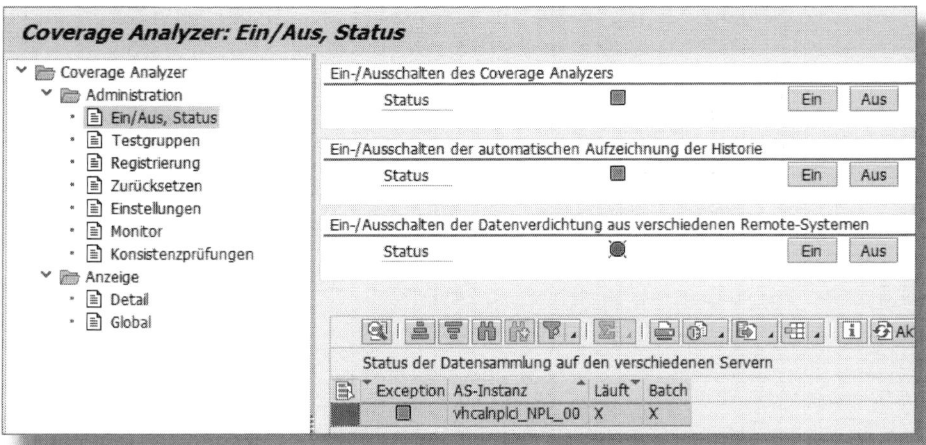


*Abbildung 4.16: Coverage Analyzer im eingeschalteten Modus*

Die Testkonfiguration besteht, wie in Abbildung 4.17 ersichtlich, aus drei Reitern. Im Reiter KONFIGURATION legen Sie das TESTSKRIPT, den SYSTEMDATENCONTAINER und optional das STARTPROFIL fest.

**Testkonfiguration ZTEST_KONFIGURATION anlegen**

| | |
|---|---|
| Testkonfiguration | ZTEST_KONFIGURATION |
| Titel | Testkonfiguration |

Konfiguration | Varianten | Attribute

**Testskript**

| | |
|---|---|
| Testskript | ztest_pflegeview |
| Toolname | ECATT |

**Systemdaten**

| | |
|---|---|
| Systemdatencont. | system_local |
| Zielsystem | |

**Startprofil**

| | |
|---|---|
| Startprofil | EC_DEMO_TRD |

*Abbildung 4.17: Testkonfiguration*

Im Reiter VARIANTEN legen Sie die Varianten fest, die bei der Ausführung berücksichtigt werden. In den Varianten weisen Sie den importierbaren Variablen des Testskriptes Werte zu. Bei Neuanlage bekommt jede Testkonfiguration die Variante *ECATTDEFAULT*. In dieser Variante ist die Wertzuweisung nicht möglich. Legen Sie stattdessen eine eigene Variante an und pflegen Sie darin die importierbaren Variablen.

## 4.9.4 Zwei Beispiele für Testskripte

Ich möchte Ihnen nun die Entwicklung eines Testskriptes in ECATT demonstrieren. Als Beispiel betrachten wir die Transaktion *ZFLIGHTS*, die einen Pflegeview für die Tabelle `sflight` bereitstellt. Es werden zwei Testszenarien mit jeweils eigenem Testskript erstellt:

**Testszenario 1: Testskript ZTEST_PFLEGEVIEW_FAIL**

Die Eingabedaten können nicht validiert werden. Es findet keine Änderung auf der Datenbank statt, und dem Benutzer wird eine Fehlermeldung angezeigt.

**Testszenario 2: Testskript ZTEST_PFLEGEVIEW**

Die Eingabedaten können validiert werden, und die Transaktion *ZFLIGHTS* legt einen Datensatz in der Tabelle `sflight` an.

### Implementierung

Der erste Schritt in beiden Testskripten besteht aus der Aufzeichnung der Dialogschritte. Wählen Sie hierzu in Abbildung 4.12 den MUSTER-Button ❶. Dieser Button öffnet das in Abbildung 4.18 gezeigte Pop-up. Wählen Sie im Feld GRUPPE *UI-Ansteuerung* und im Feld KOMMANDO *SAPGUI (Record)*.

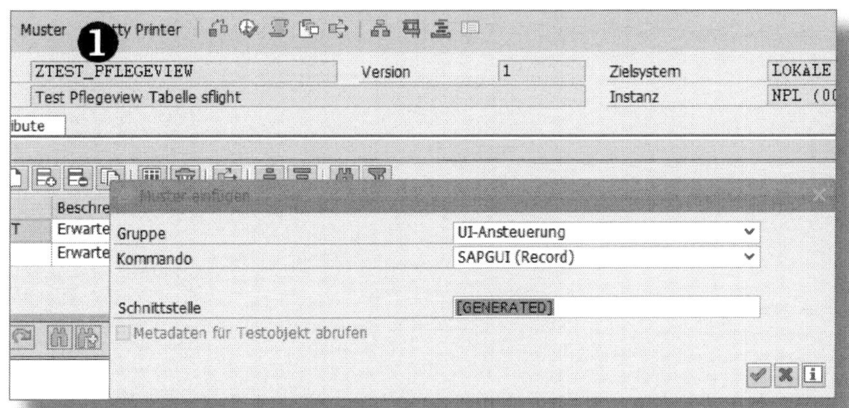


*Abbildung 4.18: Aufzeichnung Dialogschritte in der SAP GUI – Auswahl*

Nachdem Sie Ihre Eingaben in Abbildung 4.18 bestätigt haben, erscheinen zwei weitere Pop-ups. Im zweiten, das in Abbildung 4.19 gezeigt wird, geben Sie die Transaktion ein und starten die Aufzeichnung.

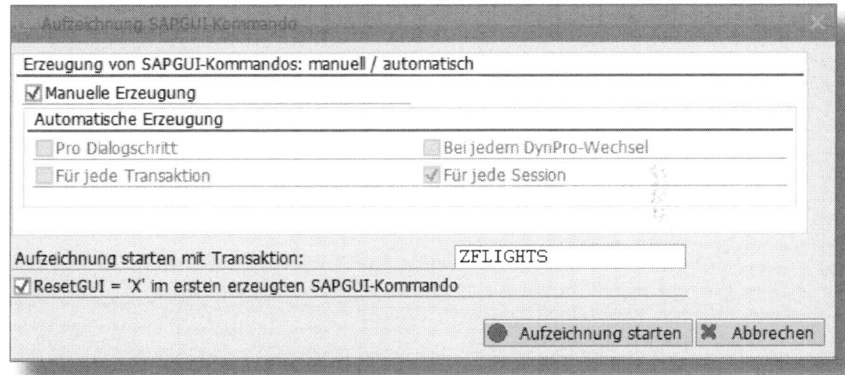


*Abbildung 4.19: Aufzeichnung Dialogschritte starten*

Im nächsten Pop-up (Abbildung 4.20) müssen Sie die Session bestätigen, die Sie aufzeichnen wollen, indem Sie einfach auf JA klicken.

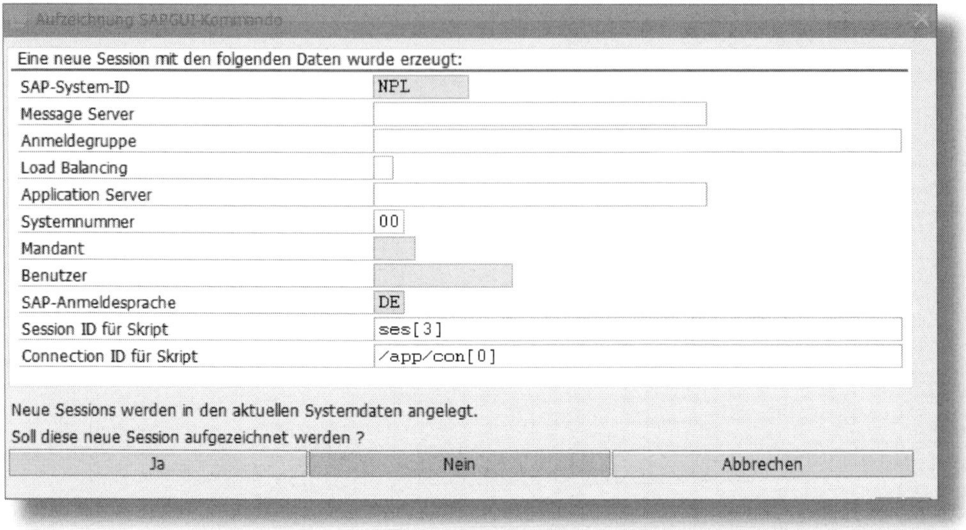

Aufzeichnung SAPGUI-Kommando
Eine neue Session mit den folgenden Daten wurde erzeugt:
SAP-System-ID
NPL
Message Server
Anmeldegruppe
Load Balancing
Application Server
Systemnummer
00
Mandant
Benutzer
SAP-Anmeldesprache
DE
Session ID für Skript
ses[3]
Connection ID für Skript
/app/con[0]
Neue Sessions werden in den aktuellen Systemdaten angelegt.
Soll diese neue Session aufgezeichnet werden ?
Ja
Nein
Abbrechen

*Abbildung 4.20: Aufzeichnung Dialogschritte – Bestätigung Session*

Wollen Sie die Aufzeichnung beenden, wählen Sie im anschließenden Pop-up (Abbildung 4.21) den Button AUFZEICHNUNG BEENDEN.

Aufzeichnung läuft ......
Erzeugung von SAPGUI-Kommandos: manuell / automatisch
Manuelle Erzeugung
Automatische Erzeugung
Pro Dialogschritt
Bei jedem DynPro-Wechsel
Für jede Transaktion
Für jede Session
Neues SAPGUI-Kommando einfügen
InitialState-Generierung
Erweitert...
GETGUI-Kommando einfügen
CHEGUI-Kommando einfügen
Aufgezeichnete GUIs schliessen
Aufzeichnung beenden

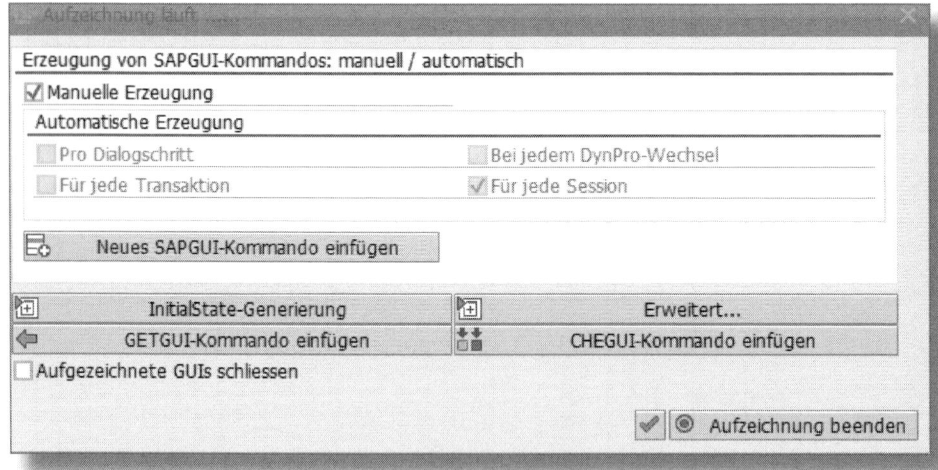

*Abbildung 4.21: Aufzeichnung Dialogschritte beenden*

Nach Fertigstellung der Aufzeichnung sieht das Testskript wie in Listing 4.30 aus.

```
SAPGUI( sapgui_1 ).
```

*Listing 4.30: Testskript mit SAPGUI-Kommando*

Dieses Skript wiederholt bisher nur die Dialogschritte. Es fehlen noch die Vorbereitung des Testszenarios sowie der Abgleich der erwarteten mit den tatsächlichen Resultaten.

Im ersten Testfall wird erwartet, dass dem Benutzer die Fehlermeldung aus der Nachrichtenklasse `ZFLIGHT` mit der Nr. 000 angezeigt wird. Um diese Erwartung zu prüfen, muss das SAPGUI-Kommando wie in Listing 4.31 mit den Kommandos MESSAGE und ENDMESSAGE umschlossen werden.

```
MESSAGE( msg_1 ).
* Ausfuehren Dialogschritte
  SAPGUI( sapgui_1 ).
ENDMESSAGE( e_msg_1 ).
```

*Listing 4.31: Testskript ZTEST_PFLEGEVIEW_FAIL*

Die Parameter `msg_1` und `e_msg_1` werden automatisch in der Kommandoschnittstelle angelegt. Nach einem Doppelklick auf den Parameter `msg_1` öffnet sich der in Abbildung 4.22 gezeigte Dialog. Tragen Sie hier die Meldung ein, die dem Benutzer angezeigt werden soll. In der Spalte MODE wählen Sie *'E'* für »erwartet«.

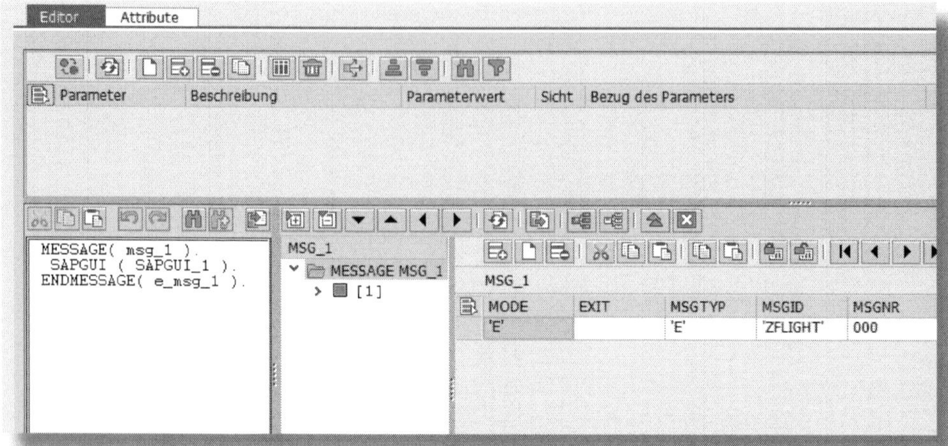


*Abbildung 4.22: Pflege der erwarteten Meldungen im MESSAGE-Kommando*

Im zweiten Testfall wird erwartet, dass die Transaktion *ZFLIGHTS* einen Datensatz in der Tabelle `sflight` anlegt, ohne dabei dem Benutzer eine Meldung zu zeigen. Die Bestandteile des Testskriptes »ZTEST_PFLEGEVIEW« werden in der Tabelle 4.3 sowie im Listing 4.32 dargestellt.

| Parameter | Sicht | Bezug des Parameters |
|---|---|---|
| EXP_FLIGHT | I | SFLIGHT |
| L_EXP_FLIGHT | V | SFLIGHT |
| L_ACT_FLIGHT | V | SFLIGHT |

*Tabelle 4.3: Parameterschnittstelle des Testskriptes ZTEST_PFLEGEVIEW*

```
* Vorbereitung:
* Zuweisung Import-Variable exp_flight an lokale Variable
* l_exp_flight.
* Nur lokale Variablen koennen in ABAP-Anweisungsbloecken
* verwendet werden
l_exp_flight = exp_flight.

* Loeschen des Datensatzes. (Wiederholbarkeit Testszenario)
ABAP.
```

```
  DELETE sflight FROM l_exp_flight.
  COMMIT WORK AND WAIT.
ENDABAP.

MESSAGE( msg_1 ).
* Ausfuehren Dialogschritte
  SAPGUI( sapgui_1 ).
ENDMESSAGE( e_msg_1 ).

* Es werden keine Meldungen erwartet. e_msg_1 ist eine leere
* Tabelle. &tfill stellt die Zeilenanzahl von e_msg_1 dar.
CHEVAR( &tfill = 0 ).

* Pruefung Primaerschluessel
CHETAB( sflight, exp_flight_1 ).

* Pruefung Flugzeugtyp (ausserhalb Primaerschluessel).
* Daher ist ein separater ABAP-Anweisungsblock notwendig
ABAP.
  SELECT SINGLE * FROM sflight INTO l_act_flight
    WHERE carrid = l_exp_flight-carrid
    AND connid = l_exp_flight-connid
    AND fldate = l_exp_flight-fldate.
ENDABAP.

CHEVAR( exp_flight-planetype = l_act_flight-planetype ).
```

*Listing 4.32: Testskript ZTEST_PFLEGEVIEW mit Prüfung eines Datensatzes in einer Datenbanktabelle*

Nach der Implementierung müssen Sie im CHETAB-Kommando noch den zweiten Parameter `exp_flight_1` pflegen (siehe Abbildung 4.14). In die Pflegemaske gelangen Sie durch einen Doppelklick auf den Parameter `exp_flight_1`.

### Ausführung

Die importierten Variablen besitzen innerhalb des Testskriptes ZTEST_PFLEGEVIEW noch keine definierten Werte. Die Wertzuweisung muss noch vor Ausführung des Testskriptes erfolgen.

Wie in Abschnitt 4.9.3 bereits angesprochen, legen Sie dazu im ersten Schritt eine Testkonfiguration und im zweiten Schritt, wie in Abbildung 4.23 gezeigt, die Variante LH an und setzen das Kennzeichen AUSFÜHREN für diese Variante.

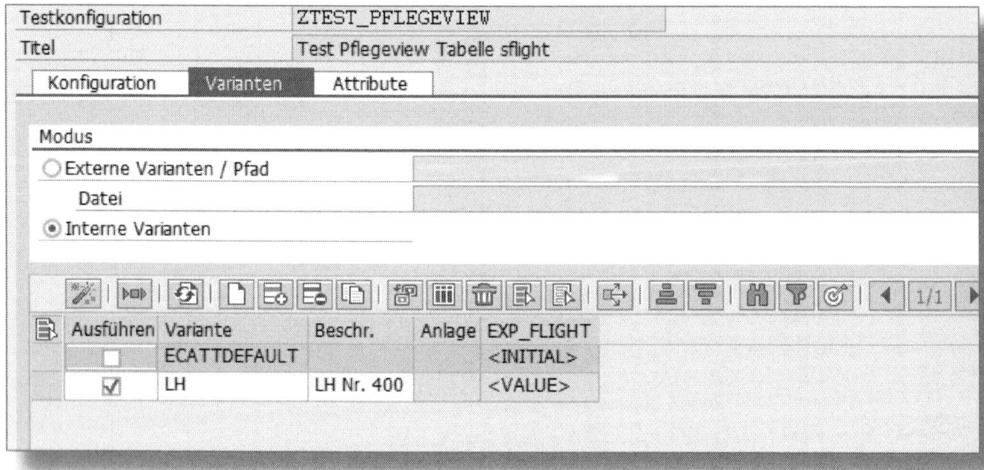


*Abbildung 4.23: Variante in der Testkonfiguration anlegen*

In der letzten Spalte sehen Sie den Parameter EXP_FLIGHT. Durch einen Doppelklick darauf gelangen Sie in die zugehörige Pflegemaske. Für den Testfall *ZTEST_PFLEGEVIEW* geben Sie in der Pflegemaske die Werte wie in Abbildung 4.24 gezeigt ein. Zeichenketten müssen dabei wie im ABAP-Code mit einfachen Anführungszeichen umschlossen werden.

Nach der Parameterpflege können Sie das Testskript mit dem Button ausführen. Vor der eigentlichen Ausführung erscheint der in Abbildung 4.25 gezeigte Dialog, in dem Sie dieselben Startoptionen wie im Startprofil festlegen können.

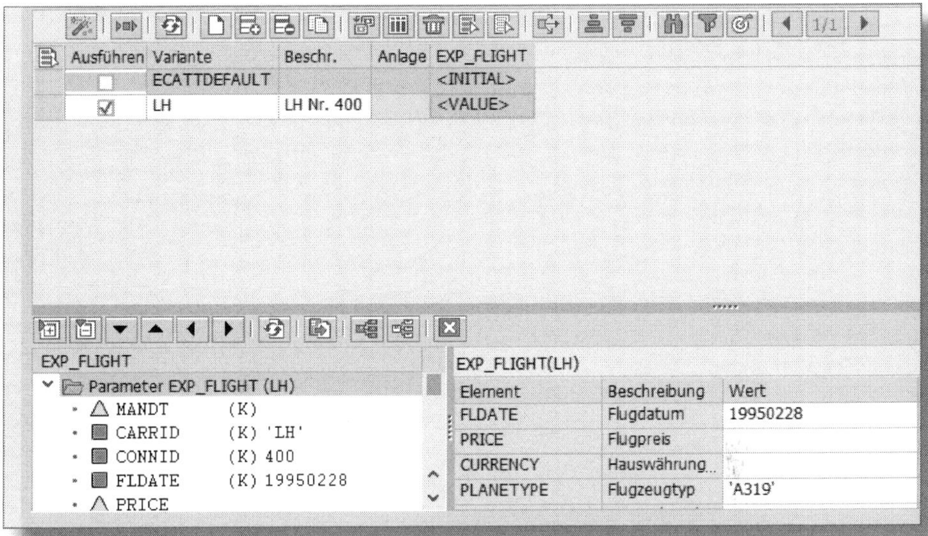


*Abbildung 4.24: Pflegemaske für den Parameter exp_flight in der Variante der Testkonfiguration*

**Startoptionen - Testkonfiguration: ZTEST_PFLEGEVIEW**

Testkonfiguration ZTEST_PFLEGEVIEW Test Pflegeview Tabelle sflight
Testtool eCATT

Allgemein | Varianten | Startprofil - Daten für Testablauf | UI Ansteuerung | Breakpoints | Abdeckungsmessung

Ausführung
Fehlerverhalten S Kein Abbruch, Weiter mit nächstem Skriptkommando
Debugmodus N Normales Breakpointhandling, Anhalten bei BREAK
☑ Precondition Behandlung
☐ Ausführungssteuerung

Systemdaten
Systemdaten EC_DEMO_SYS
Zielsystem NONE NONE

Protokoll
☑ Protokollanzeige
Protokolldetails Vollständiges Protokoll
☐ Archivierung

*Abbildung 4.25: Startoptionen vor Ausführung festlegen*

Bestätigen Sie diesen Dialog noch einmal mit dem Button, so wird das Testskript ausgeführt.

Schlägt das Testskript fehl, erscheint der in Abbildung 4.26 gezeigte Dialog.

```
0000000005 Testskript ZTEST_PFLEGEVIEW Version 1 - SECATT [Ohne Unterbrechung] [2 s]
  NPL
  Aufrufer des Test
  Startoptionen XML-DATA-01
  ZTEST_PFLEGEVIEW Version 1 [        0,105] Test Pflegeview Tabelle sflight
   • Fehler im eCATT-Kommando CHETAB SFLIGHT:
   • Zum angegebenen Key ist kein Eintrag vorhanden in der Tabelle SFLIGHT
    IMPORT ZTEST_PFLEGEVIEW
    LOCAL  VARIABLES
    CHETAB SFLIGHT            EXP_FLIGHT_1
   •   Zum angegebenen Key ist kein Eintrag vorhanden in der Tabelle SFLIGHT
   •  EXPORT ZTEST_PFLEGEVIEW
```

*Abbildung 4.26: ECATT – fehlgeschlagener Test*

Nach einem erfolgreichen Test sieht der Dialog wie in Abbildung 4.27 aus.

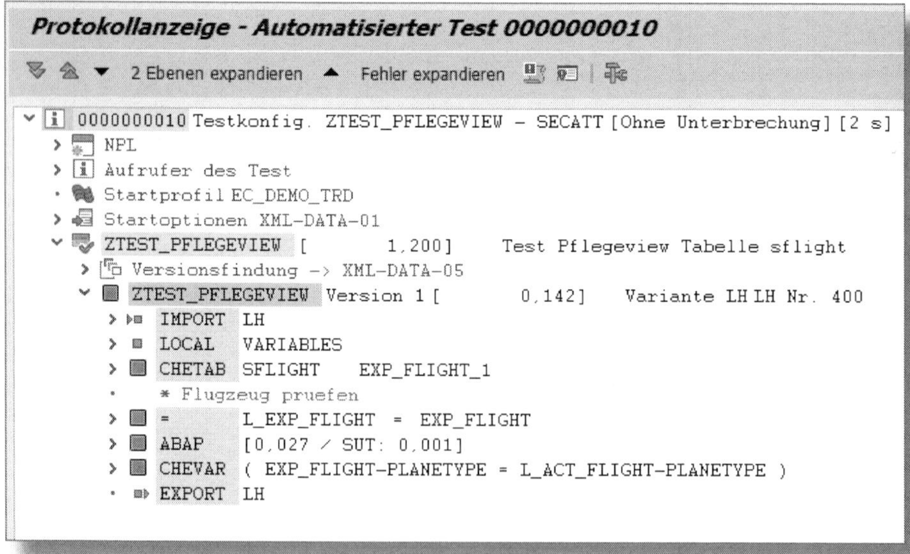


*Abbildung 4.27 ECATT – erfolgreicher Test*

# 5 Bestandscode

**Vielleicht haben Sie Ihre Kunden auch schon einmal verärgert, weil der Transport Ihres Entwicklungsauftrages ungewollte Seiteneffekte im Produktivsystem zur Folge hatte, sodass der Kunde die Software nicht mehr wie bisher nutzen konnte. Wie Sie diese ungewollten Seiteneffekte vermeiden und Ihren Code zudem noch verbessern können, erfahren Sie in diesem Kapitel.**

## 5.1 Semantische Versionsnummern zur Klassifikation von Quelltextmodifikationen

*Semantische Versionsnummern* helfen Ihnen bei der Eingrenzung von Seiteneffekten nach einer Quelltextmodifikation. Sie sind die dreiteiligen, durch Punkte getrennten Zahlenkombinationen, die häufig im Softwarebereich verwendet werden (z. B. Version 2.1.3).

»Objekte« sind in diesem Abschnitt per Definition alle ABAP-Entwicklungsobjekte, die einen Objektkatalogeintrag in der Tabelle `tadir` besitzen und damit von anderen ABAP-Objekten (Klienten) verwendet werden können. Objekte sind beispielsweise Datenbanktabellen, Dictionary-Strukturen, Funktionsbausteine oder Class-Pools. »Klienten« sind in diesem Abschnitt per Definition alle ABAP-Objekte, die ein anderes ABAP-Objekt verwenden.

### Major-Release

Die erste Zahl der semantischen Versionsnummer wird um eins erhöht, wenn ein Objekt geändert wird und diese Änderung Auswirkungen auf alle Klienten hat. Hier wird von einem *Major-Release* gesprochen.

Typische Beispiele für Major-Releases sind:

- Ein Feld wird aus einer Datenbanktabelle oder einer Dictionary-Struktur gelöscht.

- Ein Objekt wird gelöscht oder umbenannt.
- Die Signatur einer Prozedur wird geändert. Die Signatur umfasst per Definition alle Eingabe-, Ausgabe-, Rückgabe- und änderbaren Parameter.

In den eben aufgezählten Fällen weisen die Klienten nach der Modifikation Syntaxfehler auf. Wenn Sie beispielsweise die Signatur der Prozedur A geändert haben, können Sie anschließend keines der Programme, die die Prozedur A mit der bisherigen Signatur aufrufen, mehr verwenden.

Allerdings hat nicht jedes Major-Release direkt einen oder mehrere Syntaxfehler zur Folge. Typische Beispiele für Major-Releases ohne anschließende Syntaxfehler sind:

- Eine Ausnahme wird der Signatur der Prozedur B hinzugefügt.
- Die z-Tabelle ZVBAK enthält Daten zu Angeboten. Diese z-Tabelle wird um Auftrags- und Kontraktdaten erweitert.

Diese beiden Änderungen machen sich nicht sofort durch Syntaxfehler bemerkbar. Die Auswirkungen tauchen erst zur Laufzeit auf. Die Klienten der Prozedur B haben eventuell keine hinreichende Ausnahmebehandlung für die neu hinzugefügte Ausnahme, und die Klienten brechen deswegen mit einem Dump ab. Ebenso kann es Auswertungen geben, die auf die Tabelle ZVBAK zugreifen und nicht nach der Belegart unterscheiden, weil bisher nur Angebote in dieser Tabelle vorhanden waren. Nach der Erweiterung der Tabelle ZVBAK zeigen diese Auswertungen jetzt auch Aufträge und Kontrakte an.

Die ABAP Workbench stellt Ihnen als wichtiges Werkzeug den *Verwendungsnachweis* zur Verfügung. Nachdem Sie die zu durchsuchenden Objekte wie in Abbildung 5.1 ausgewählt haben, erscheint, wie in Abbildung 5.2 gezeigt, die Liste mit allen Klienten.

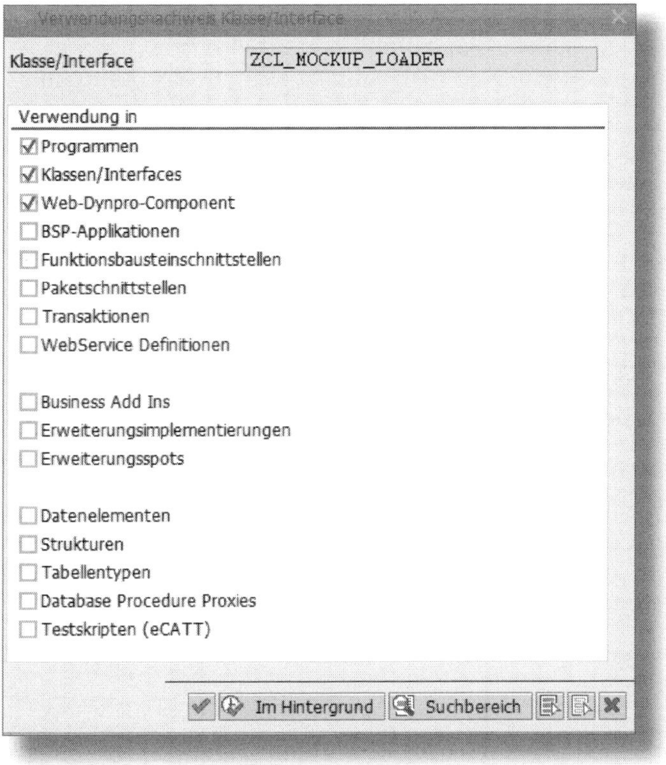

*Abbildung 5.1: Auswahl der Objekte im Verwendungsnachweis*

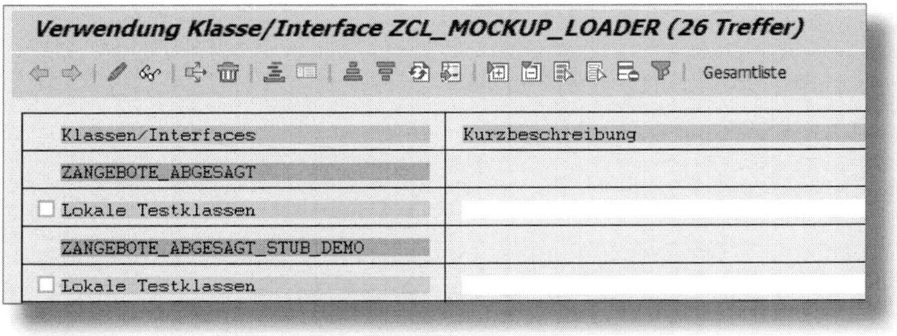

*Abbildung 5.2: Resultat des Verwendungsnachweises*

Im Fall eines Major-Releases können Sie den Verwendungsnachweis alle Klienten suchen lassen. Diese müssen Sie dann entsprechend anpassen, damit sie weiterhin mit dem modifizierten Objekt kompatibel sind.

Fügen Sie beispielsweise der Signatur der Prozedur A einen Eingabeparameter hinzu, müssen Sie anschließend in allen Programmen (Klienten), die die Prozedur A aufrufen, den neuen Eingabeparameter ergänzen. Erst danach sind die Klienten der Prozedur A wieder mit der Prozedur A kompatibel.

**! Dynamische Aufrufe mit dem Verwendungsnachweis suchen**

Dynamische Aufrufe findet der Verwendungsnachweis im Regelfall nicht, da das aufgerufene Objekt erst zur Laufzeit festgelegt wird. Listing 5.1 zeigt einen Workaround für den dynamischen Aufruf von Funktionsbausteinen, durch den dieser Aufruf mit dem Verwendungsnachweis gefunden wird.

```
DATA: function_module TYPE rs38l_fnam.

function_module = 'EXAMPLE_MODULE'.
IF 1 = 2.
  " Statement fuer Verwendungsnachweis, wird nicht
  " durchlaufen
  CALL FUNCTION 'EXAMPLE_MODULE'.
ENDIF.

CALL FUNCTION function_module.
```

*Listing 5.1: Dynamischer Aufruf des Funktionsbausteins EXAMPLE_MODULE, der mit dem Verwendungsnachweis gefunden wird*

Neben dem Verwendungsnachweis ist die Transaktion *SCI (Code Inspector)*, die seit SAP NetWeaver Release 6.40 zur Verfügung steht, ein wichtiges Werkzeug bei einem Major-Release. Der Code Inspector prüft die Syntaxen beliebig vieler Objekte in einem Schritt. Für die Prüfung benötigt der Code Inspector:

- eine Prüfvariante, in der die Syntaxprüfung aktiviert wurde (siehe Abbildung 5.3),
- die Objektmenge – bei einem Major-Release sind dies die Klienten des geänderten Objektes (siehe Abbildung 5.4),
- die Inspektion – sie führt die Prüfvariante für alle Objekte der Objektmenge aus (siehe Abbildung 5.5).

**Objektmenge im Code Inspector definieren**

Im Regelfall genügt es, die Pakete der Klienten in der Objektmenge anzugeben. Die Objektmenge wird dadurch etwas großzügiger als notwendig dimensioniert, was aber nicht weiter schlimm ist.

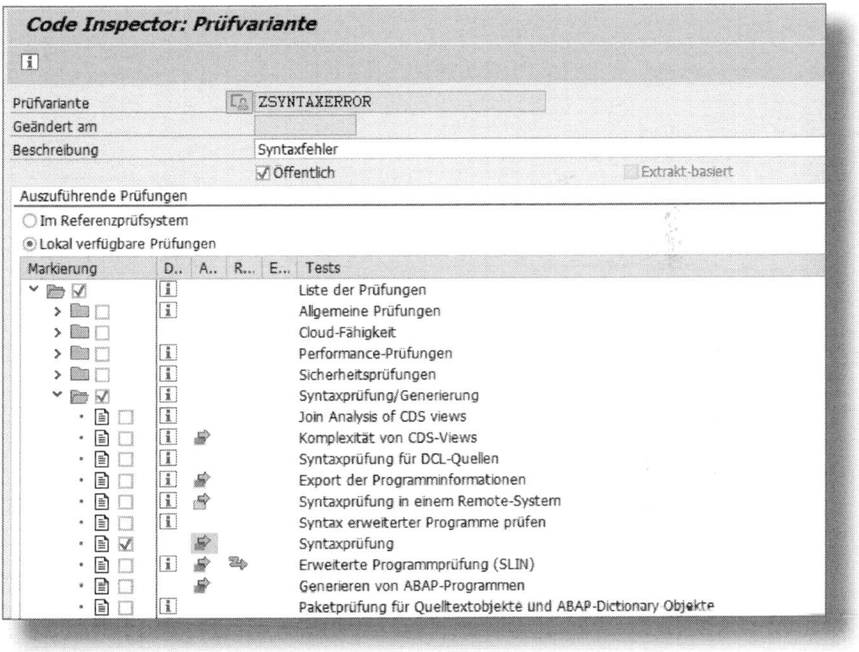

*Abbildung 5.3: Prüfvariante »Syntaxprüfung« im Code Inspector*

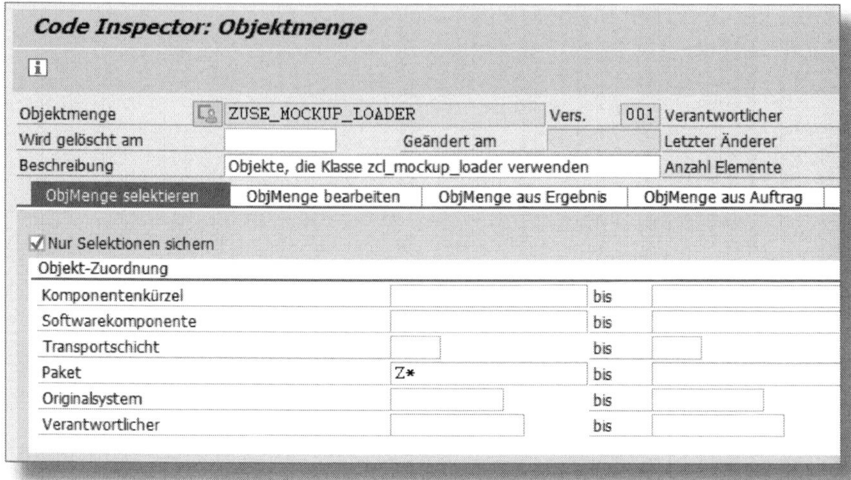


Abbildung 5.4: Definition der Objektmenge im Code Inspector

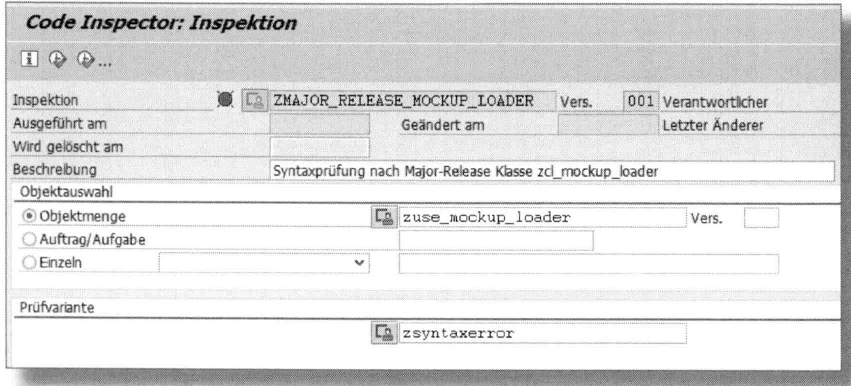


Abbildung 5.5: Inspektion im Code Inspector

Die Inspektion in Abbildung 5.5 erstellt nach der Ausführung ein Protokoll aller Syntaxfehler und Syntaxwarnungen, die in allen z-Paketen gefunden wurden.

### Minor-Release

Die zweite Zahl der semantischen Versionsnummer (zwischen dem ersten und dem zweiten Punkt) bezeichnet das *Minor-Release*. Diese

Zahl erhöhen Sie um eins, falls Sie eine Erweiterung vornehmen und die bestehende Funktionalität unverändert bleibt. Klienten des erweiterten Objektes müssen bis auf die folgenden zwei Ausnahmen nicht überarbeitet werden:

1. Einer Struktur (Struktur A) wird ein Feld hinzugefügt. Strukturen, die die Struktur A inkludieren, können das neu hinzugefügte Feld bereits besitzen.
2. Der Klasse A wird eine Methode außerhalb des privaten Bereiches hinzugefügt. Subklassen, die die Klasse A beerben, können bereits eine Methode mit demselben Namen besitzen.

In beiden Fällen hat die Erweiterung einen Syntaxfehler zur Folge.

#### Revision

Die letzte Zahl der semantischen Versionsnummer (nach dem zweiten Punkt) ist die *Revision*. Diese Nummer erhöhen Sie, wenn Sie die bestehende Implementierung abwandeln, ohne dabei die Schnittstellen zu ändern (z. B. bei einem Bugfix).

**Verständnisfragen**

Bewerten Sie die Auswirkungen der nachfolgenden Änderungen. Handelt es sich dabei jeweils um ein Major-Release?

- Ein optionaler Eingabeparameter wird der Signatur einer Prozedur hinzugefügt.
- Ein Eingabeparameter wird von Referenz- auf Wertübergabe umgestellt.
- Ein Ausgabeparameter wird vom Typ `STANDARD TABLE` in den Typ `SORTED TABLE` umgewandelt.
- Ein Ausgabeparameter wird zu Beginn der Prozedur nicht mehr mit der Anweisung `CLEAR` initialisiert.

## 5.2 Legacy Code

In der Praxis begegnen uns häufig historisch gewachsene Projekte, die schwer zu warten und zu testen sind. Hierfür hat sich der Begriff *Legacy Code* eingebürgert. Legacy Code wird in der Literatur auch als Code ohne Unit-Tests definiert [5]. Einige Entwickler vertreten zudem die Auffassung, Legacy Code sei Code, den sie nicht mehr modifizieren wollen oder können, da Seiteneffekte mittels Tests nicht ausgeschlossen werden können.

Oftmals führen die folgenden Gründe zu Legacy Code:

- Die Entwickler sind nach dem Prinzip »Quick and Dirty« vorgegangen.
- Der Code weist keine erkennbare Struktur auf.
- Bestehende Programme, Klassen oder Prozeduren wurden immer nur erweitert, anstatt die Erweiterungen in neuen Programmen, Klassen oder Prozeduren zu implementieren (Verletzung des Single-Responsibility-Prinzips).
- Dokumentationen werden nicht auf dem aktuellen Stand gehalten oder sind nicht vorhanden.
- Testszenarien wurden nicht systematisch oder gar nicht dokumentiert.
- Den Entwicklern sind die Anforderungen seitens der Prozesseigentümer nicht bekannt.
- Der Code enthält viele Stolperfallen, die eine Wartung erschweren.

### 5.2.1 Stolperfallen bei der Arbeit mit Legacy Code

In diesem Abschnitt möchte ich Ihnen einige Stolperfallen vorstellen, die häufig in Legacy Code zu finden sind.

Sie können auf diese Fallen nicht nur in Eigenentwicklungen stoßen, sondern auch bei der Modifikation oder Erweiterung von SAP-Entwicklungen (z. B. durch User-Exits, BAdIs, Erweiterungsimplementierungen).

Eigenentwicklungen enthalten zudem häufig Fallstricke (so genannte *Magic Numbers*), über die Sie nach Modifikationen an Customizing-Einstellungen stolpern können.

### Memory-IDs

Memory-IDs werden zur Pufferung von Daten eingesetzt. Sie sind in allen Programmen, Funktionsgruppen und Klassen sichtbar, die die Top-Level-Transaktion aufruft. Mit dem Befehl `EXPORT my_data = my_data TO MEMORY ID 'ID1'` legen Sie das Datenobjekt `my_data` in der Memory-ID `ID1` ab. Mit dem Befehl `IMPORT my_data = my_data FROM MEMORY ID 'ID1'` lesen Sie das Datenobjekt `my_data` aus der Memory-ID `ID1` aus. Jede Memory-ID bekommt zur genauen Identifikation einen Namen, der in einer Zeichenkette angegeben wird. Wird ein Name doppelt verwendet, ist die eindeutige Identifikation nicht mehr gewährleistet, und die Memory-IDs mit denselben Namen überschreiben sich gegenseitig. Fügen Sie beispielsweise in den Source Code die Anweisung `EXPORT my_data = my_data TO MEMORY ID 'UNIQUE_ID'` ein, müssen Sie immer sicherstellen, dass diese Memory-ID in allen Programmen, Funktionsgruppen und Klassen, die die Top-Level-Transaktion aufruft, nicht schon einmal verwendet wurde.

**! Memory-IDs korrekt verwenden**

Memory-IDs sollten Sie nur noch dort einsetzen, wo diese unbedingt notwendig sind. Klassenattribute sind in User-Exits oder in BAdIs die bessere Alternative.

Ein Fall, bei dem Memory-IDs notwendig sein können, ist der Datenaustausch zwischen internen Modi, die beim Aufruf eines Reports über die Anweisung `SUBMIT` entstehen.

Das Zwischenspeichern von Daten, die nicht über interne Modi hinweg ausgetauscht werden, kann auch in User-Exits oder in BAdIs besser mit Klassenattributen bewerkstelligt werden; denn zwei Klassenattribute mit denselben Namen, die sich gegenseitig überschreiben, kann es hier nicht geben. Mit dem Verwendungsnachweis lassen sich zudem alle Anweisungen identifizieren, die schreibend auf ein Klassenattribut zugreifen. Anweisungen, die schreibend auf eine Memory-ID zugreifen, sind ungleich schwerer zu finden.

### Magic Numbers

Mit dem Begriff *Magic Numbers* sind Zeichenketten oder Zahlen gemeint, die im Quelltext hart codiert und nicht als Konstante deklariert wurden. Der Source Code wird auch für Entwickler, die neu zu einem Projekt hinzustoßen, nachvollziehbar, wenn auf Magic Numbers verzichtet wurde und stattdessen Konstanten oder Customizing-Tabellen verwendet wurden. Konstanten können Sie aussagekräftige Namen geben, was bei Magic Numbers nicht immer möglich ist. Im Codebeispiel »abgesagte Angebote« habe ich beispielsweise den Absagegrund »02« (zu teuer), der in der Customizing-Tabelle `tvag` gepflegt wird, als Konstante `absage_grund_zu_teuer` in der Klasse `zangebote_abgesagt` deklariert. Wird nur der Wert »02« als Magic Number verwendet, müssen Sie bei Interpretation des Source Codes immer im Hinterkopf behalten, dass »02« für »Absagegrund Preis zu teuer« steht. Bei Verwendung der Konstante sehen Sie dies sofort.

> **! Stamm- oder Organisationsdaten**
>
> Verwenden Sie im Source Code möglichst keine Stamm- oder Organisationsdaten – weder als Magic Number noch als Konstante.

Wurden Stamm- oder Organisationsdaten wie Werke, Buchungskreise, Verkaufsorganisationen usw. hart codiert, können diese Daten anschließend nur geändert oder erweitert werden, wenn gleichzeitig der Source Code angepasst wird. Anstatt die Stamm- und Organisationsdaten hart zu codieren, sollten Sie besser eigene Customizing-Tabellen erstellen und im Source Code die Customizing-Tabellen verwenden.

### Obsolete Anweisungen

*Obsolete Anweisungen* sind in älteren Anwendungen noch häufig zu finden. Rechnen Sie beim Einsatz obsoleter Anweisungen mit anderem Verhalten, als Sie es von den aktuellen Pendants gewohnt sind.

> **☛ ABAP-Referenz zurate ziehen**
>
> Die ABAP-Referenz, die Sie in der ABAP Workbench über die Taste F1 aufrufen können, ist ein guter Leitfaden für die Arbeit mit obsoleten Anweisungen.

### Außergewöhnlich lange Prozeduren

Außergewöhnlich lange Prozeduren, die das Single-Responsibility-Prinzip verletzen, erfüllen viele Aufgaben gleichzeitig. Sie führen oft zahlreiche verschiedene Zustandsänderungen an globalen Variablen oder an der Datenbank durch. Bevor Sie diese Prozeduren modifizieren können, müssen die einzelnen Zustandsänderungen bekannt sein.

### Testszenarien oder Anforderungen sind unbekannt

Fehlende Testszenarien bzw. nicht dokumentierte Anforderungen können nur durch *Regressionstests* ausgeglichen werden. Bei einem Regressionstest handelt es sich um einen Vorher-nachher-Vergleich. Diesen Test können Sie wie folgt durchführen:

1. Source Code wird nicht modifiziert, vom Algorithmus durchgeführte Zustandsänderungen bzw. gelieferte Resultate werden aufgezeichnet.
2. Modifikation des Source Codes.
3. Zustandsänderungen und Resultate werden erneut aufgezeichnet und mit denen aus Schritt 1 verglichen.

Der Test ist erfolgreich, wenn die Zustandsänderungen bzw. Resultate aus Schritt 1 und 3 identisch sind.

*Zustandsänderungen* sind:

- Schreibzugriffe auf die Datenbank,
- Schreibzugriffe auf Klassenattribute oder globale Variablen in Funktionsgruppen oder Programmen.

*Resultate* sind:

- die sichtbaren Ergebnisse, die dem Benutzer angezeigt werden,
- die Kommunikation mit externen Schnittstellen (Versenden von E-Mails, Versenden von IDocs usw.).

**☛ Keine Modifikation ohne Regressionstest**

Führen Sie keine Modifikation an Legacy Code durch, bevor Sie nicht das genaue Verhalten kennen. Prüfen Sie das Verhalten vor und nach der Modifikation immer mit Regressionstests.

Regressionstests können Sie z. B. mit Unit-Tests, die vor Modifikation des Source Codes geschrieben werden, oder auch mit Integrationstests, wie sie in Abschnitt 4.9 beschrieben werden, bewerkstelligen. Auf der Überlegung, dass Legacy Code nicht ohne Regressionstests modifiziert werden kann und dass Unit-Tests bereits einen guten Regressionstest darstellen, basierte wahrscheinlich auch Feathers Definition von Legacy Code. Feathers betrachtet Legacy Code als »Code ohne Unit-Tests« [5].

### Erweiterte Programmprüfung

In Legacy Codes findet die erweiterte Programmprüfung häufig viele Fehler oder Warnungen. Teilweise liegen die Fehler in sogenannten »toten Bereichen«, die nicht mehr aktiv im Produktivsystem genutzt werden.

Dadurch sind neue Fehler oder Warnungen nach einer Modifikation nur schwer von den bisherigen zu unterscheiden.

**Erweiterte Programmprüfung**

In Abschnitt 6.3 wird die erweiterte Programmprüfung vorgestellt.

## 5.2.2 Codesanierung (Refactoring)

Codesanierungen haben zum Ziel, Legacy Code in Clean Code zu transformieren. In einer Codesanierung werden nur die Struktur und die Gestaltung des Codes saniert, die grundlegende Funktion wird nicht angetastet. Nachfolgende Pfadfinderregel fasst das Ziel einer Codesanierung ganz treffend zusammen.

**Pfadfinderregel**

»Hinterlasse einen Ort immer in einem besseren Zustand, als du ihn vorgefunden hast.« (wörtlich zitiert aus [1]).

»Besserer Zustand« bedeutet im Zusammenhang eines Source Codes:

- einfacher wartbar,
- weniger fehlerbehaftet.

### Modifikationen ohne Seiteneffekte

Ein erster Ansatz für eine Codesanierung besteht darin, mit kleinen Modifikationen anzufangen. Diese werden Stück für Stück in das Produktivsystem transportiert, damit das Fehlerrisiko minimiert wird.

Modifikationen mit relativ geringen Auswirkungen sind z. B.:

- Variablen- oder Prozedurnamen ändern,
- Anwendungslogik, die in PBO- oder PAI-Modulen implementiert wurde, in separate Prozeduren auslagern,
- Fehler- oder Abbruchmeldungen durch Ausnahmen ersetzen,

- Aufrufe, die Sie für einen Unit-Test durch einen Stub oder eine Spy ersetzen wollen, mit Klassen verschalen,
- Anweisungsblöcke, die sich ohne Seiteneffekte aus einer sehr langen Prozedur extrahieren lassen, herausziehen und in einer separaten Prozedur implementieren.

Die ADT bieten Unterstützung bei der Umbenennung von Variablen bzw. Prozeduren und beim Extrahieren von Anweisungsblöcken. Zum Umbenennen platzieren Sie den Cursor auf der Variable bzw. auf dem Prozedurnamen und wählen wie in Abbildung 5.6 im Menü SOURCE CODE • RENAME.

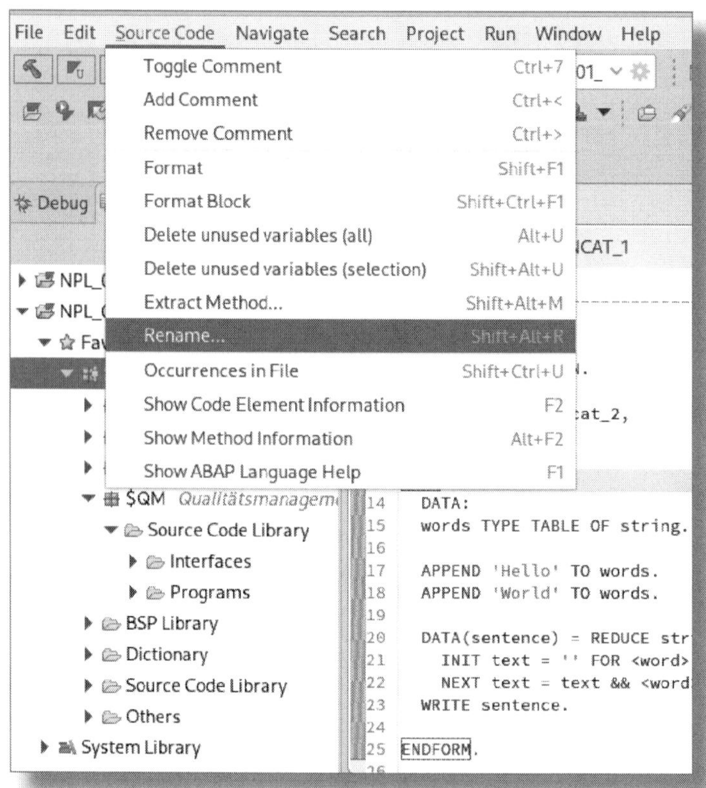


*Abbildung 5.6: ADT – Variablen- bzw. Prozedurnamen ändern*

Anschließend geben Sie im Pop-up den neuen Namen ein (Abbildung 5.7) und wählen FINISH. Die Entwicklungsumgebung ersetzt im Hintergrund die Variablen bzw. den Prozedurnamen an allen Stellen, an denen der jeweilige Name verwendet wurde.

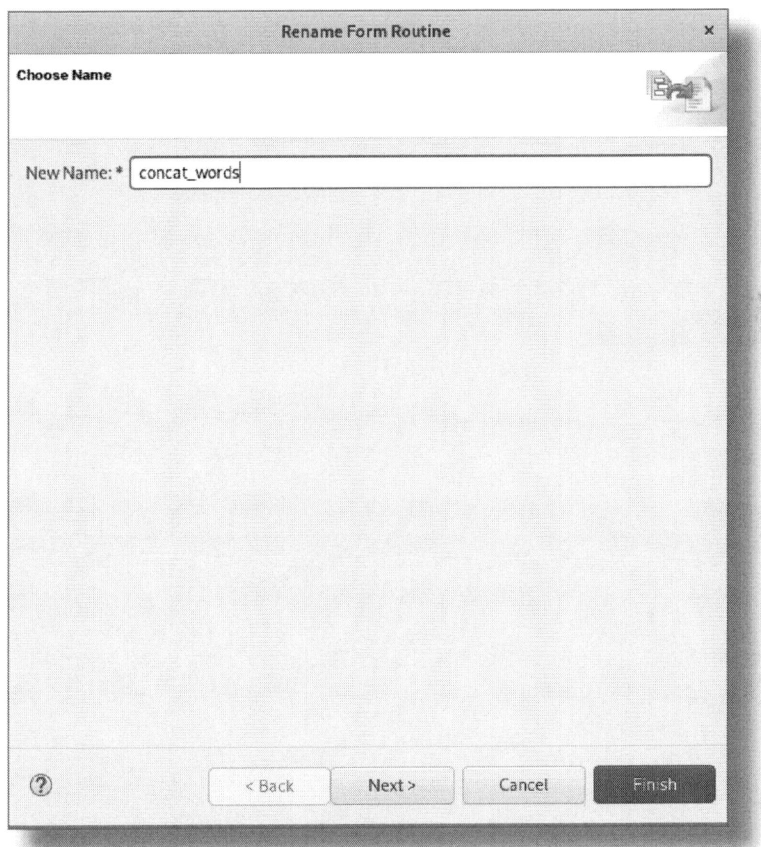


*Abbildung 5.7: ADT – Eingabe des neuen Namens*

Zum Extrahieren von Anweisungsblöcken markieren Sie im ersten Schritt den entsprechenden Anweisungsblock wie in Abbildung 5.8.

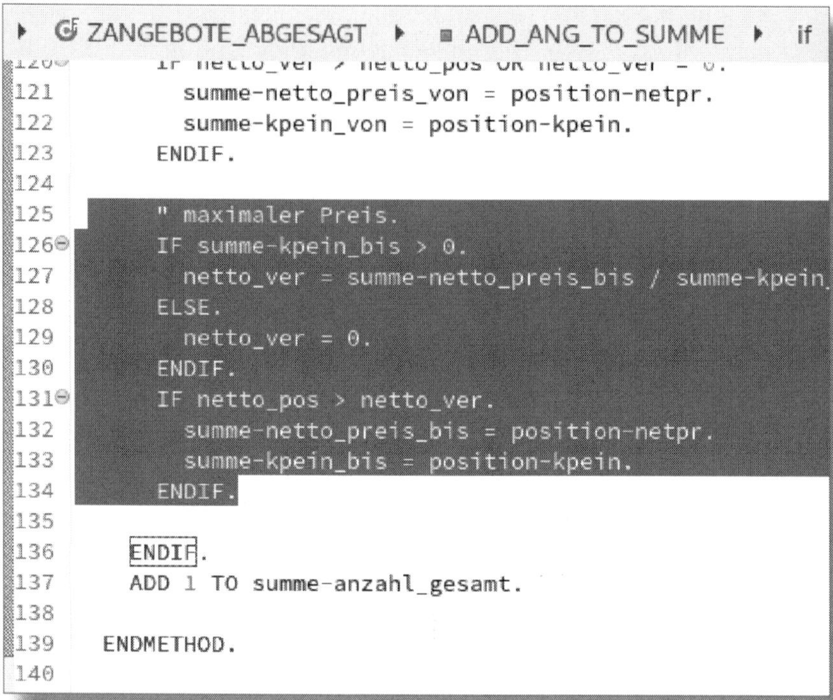

```
▸ ZANGEBOTE_ABGESAGT ▸ ADD_ANG_TO_SUMME ▸ if
        IF netto_ver > netto_pos OR netto_ver = 0.
          summe-netto_preis_von = position-netpr.
          summe-kpein_von = position-kpein.
        ENDIF.

        " maximaler Preis.
        IF summe-kpein_bis > 0.
          netto_ver = summe-netto_preis_bis / summe-kpein_
        ELSE.
          netto_ver = 0.
        ENDIF.
        IF netto_pos > netto_ver.
          summe-netto_preis_bis = position-netpr.
          summe-kpein_bis = position-kpein.
        ENDIF.

      ENDIF.
      ADD 1 TO summe-anzahl_gesamt.

    ENDMETHOD.
```

*Abbildung 5.8: ADT – Markieren Anweisungsblock*

Im zweiten Schritt wählen Sie im Menü SOURCE CODE • EXTRACT METHOD (Abbildung 5.9).

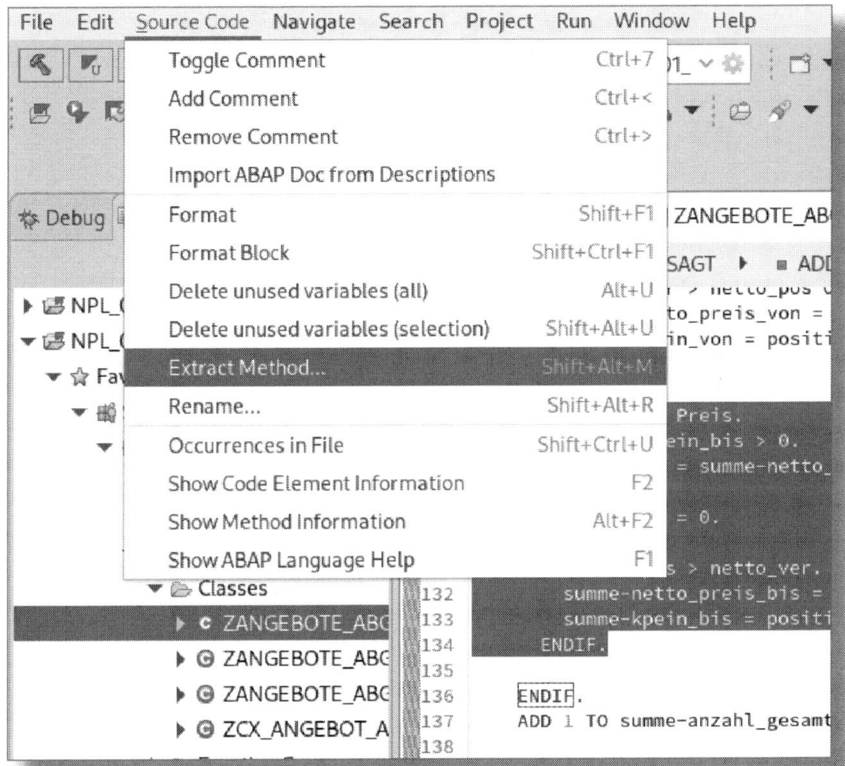


*Abbildung 5.9: ADT – Extrahieren Anweisungsblock*

Im dritten Schritt geben Sie im Pop-up (Abbildung 5.10) den neuen Methodennamen und die Parameter an. Sie erhalten von der Entwicklungsumgebung bereits einen Vorschlag für die entsprechenden Parameter.

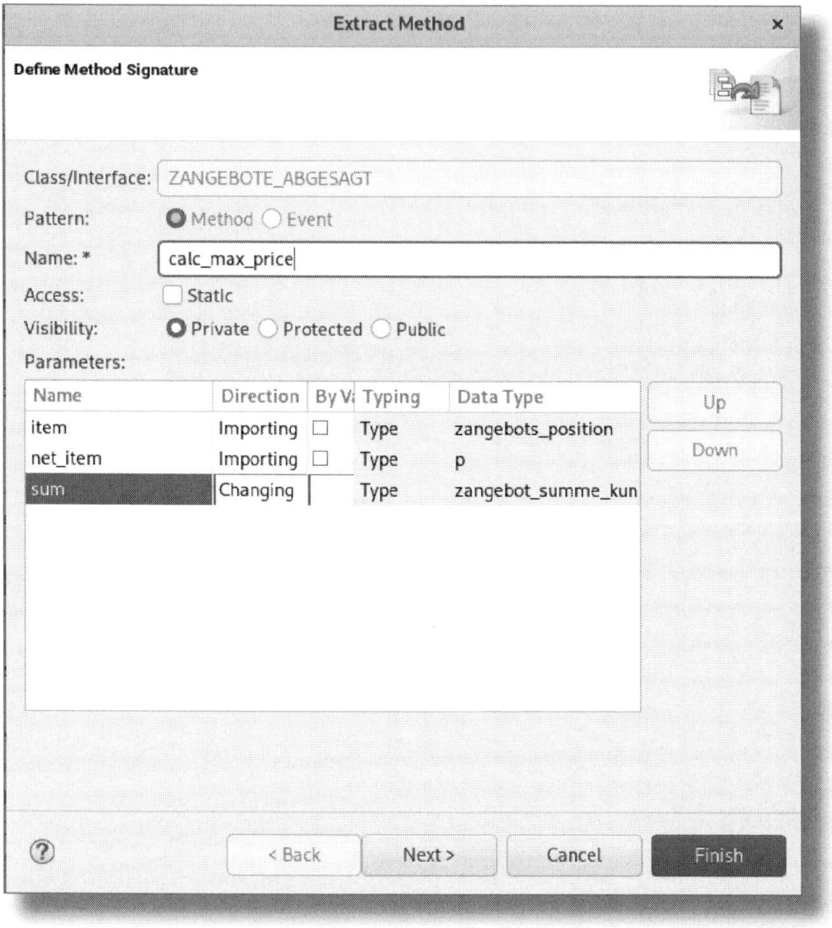

Abbildung 5.10: ADT – Extraktion Methode

Wenn Sie auf den FINISH-Button drücken, fügt die Entwicklungsumgebung die neue Methode ein und ersetzt den entsprechenden Anweisungsblock durch einen Methodenaufruf. Listing 5.2 zeigt die Methodenimplementierung, die in diesem Schritt generiert wurde.

```
METHOD calc_max_price.
  DATA netto_ver TYPE p.

  " maximaler Preis.
```

```
  IF sum-kpein_bis > 0.
    netto_ver = sum-netto_preis_bis / sum-kpein_bis.
  ELSE.
    netto_ver = 0.
  ENDIF.
  IF net_item > netto_ver.
    sum-netto_preis_bis = item-netpr.
    sum-kpein_bis = item-kpein.
  ENDIF.

ENDMETHOD.
```

*Listing 5.2: Methodenimplementierung nach Extraktion*

### Test-Injektionen

Mithilfe von *Test-Injektionen* können Sie seit SAP NetWeaver Release 7.5 Testattrappen erzeugen. Sie sind besonders nützlich, um Legacy-Code-Abschnitte mit Unit-Tests zu prüfen. Im Vergleich zu den in Abschnitt 4.6 besprochenen Testattrappen sind Test-Injektionen auch im prozeduralen ABAP einsetzbar. Anstelle einer kompletten Methodenimplementierung ersetzen Test-Injektionen nur einzelne Anweisungsblöcke.

Test-Injektionen unterliegen jedoch den folgenden Einschränkungen:

- Sie können nicht in Programmen oder Reports, die in der Transaktion *SE38* gepflegt werden, verwendet werden.
- In Funktionsgruppen sind sie auf das Testklassen-Include mit dem Suffix »T99« beschränkt.
- In Class-Pools (globalen Klassen) sind sie auf das Testklassen-Include mit dem Suffix »CCAU« beschränkt.

Anweisungsblöcke im produktiven Code, die mit den Anweisungen `TEST-SEAM` und `END-TEST-SEAM` umschlossen wurden, können Sie während der Testausführung durch Test-Injektionen ersetzen. Diese Anweisungsblöcke werden im Folgenden *Test-Seams* genannt.

Als Beispiel für die Verwendung von Test-Injektionen dient die in Listing 5.3 dargestellte Prüfung einer Flugbuchung. In dieser Prüfung wurden Präsentations- und Anwendungslogik gemischt. Findet die Prüfung einen ungültigen Flug, hat der Benutzer die Möglichkeit, seine Eingabedaten in einem Pop-up zu korrigieren. Mittels Unit-Test soll nun diese Logik verifiziert werden. Die Eingabe über das Pop-up wird im Unit-Test durch eine Test-Injektion ersetzt.

```
TYPES: BEGIN OF ty_passagier_daten,
  nachname TYPE string,
  vorname TYPE string,
  connid TYPE sflight-connid,
  fldate TYPE sflight-fldate,
END OF ty_passagier_daten.
CONSTANTS: gesellschaft TYPE sflight-carrid VALUE 'LH'.

FORM pruefen_flugbuchung CHANGING
  passagier_daten TYPE ty_passagier_daten
  gueltig TYPE i
  abbruch TYPE char1.
  DATA: flug_daten_eingabe TYPE STANDARD TABLE OF
        sval.
  FIELD-SYMBOLS: <fde> TYPE sval.

  SELECT COUNT(*) FROM sflight
    WHERE carrid = gesellschaft
    AND connid = passagier_daten-connid
    AND fldate = passagier_daten-fldate.
  gueltig = sy-subrc.
  IF gueltig <> 0.
    " Werte fuer Popup erzeugen
    flug_daten_eingabe = VALUE #(
      ( tabname = 'SFLIGHT' fieldname = 'CONNID' )
      ( tabname = 'SFLIGHT' fieldname = 'FLDATE' )
    ).

    TEST-SEAM eingabe_connid_fldate_popup.
      CALL FUNCTION 'POPUP_GET_VALUES'
        EXPORTING
          popup_title = text-001
```

```
        IMPORTING
          returncode = abbruch
        TABLES
          fields = flug_daten_eingabe.
    END-TEST-SEAM.

    IF abbruch <> 'A'.
      " erneute Verifikation mit den eingegebenen Werten
      READ TABLE flug_daten_eingabe ASSIGNING <fde>
        INDEX 1.
      passagier_daten-connid = <fde>-value.
      READ TABLE flug_daten_eingabe ASSIGNING <fde>
        INDEX 2.
      passagier_daten-fldate = <fde>-value.
      PERFORM pruefen_flugbuchung CHANGING passagier_daten
        gueltig abbruch.
    ENDIF.

  ENDIF.
ENDFORM.
```

*Listing 5.3: Produktiver Code mit Test-Seams*

Listing 5.4 enthält den Unit-Test des Unterprogramms `pruefen_flugbuchung`. In der Methode `create_test_injection` wird die Test-Injektion mit den Anweisungen `TEST-INJECTION` und `END-TEST-INJECTION` erzeugt. Die Anweisungen zwischen `TEST-INJECTION` und `END-TEST-INJECTION` ersetzen den Test-Seam `eingabe_connid_fldate_popup` in Listing 5.3.

```
CLASS test_pruefen_flugbuchung DEFINITION FOR TESTING
  DURATION SHORT RISK LEVEL HARMLESS FINAL.

    PRIVATE SECTION.

      " Zuerst sind die Flugdaten ungueltig.
      " Nach der Korrektur sind die Flugdaten gueltig.
      METHODS korrektur_gueltig FOR TESTING.

      " Test-Injektion fuer Seam eingabe_connid_fldate_popup
```

```
    " erzeugen.
    METHODS create_test_injection.

ENDCLASS.

CLASS test_pruefen_flugbuchung IMPLEMENTATION.

  METHOD korrektur_gueltig.
    DATA: act_passagier_daten TYPE ty_passagier_daten,
          exp_passagier_daten TYPE ty_passagier_daten,
          ist_gueltig TYPE i,
          abbruch TYPE char1.

    " ungueltige Flugdaten
    act_passagier_daten-connid = 'XXX'.
    act_passagier_daten-fldate = '19000101'.
    " erwartete Flugdaten
    exp_passagier_daten-connid = '737'.
    exp_passagier_daten-fldate = '20190116'.

    create_test_injection( ).

    PERFORM pruefen_flugbuchung CHANGING
      act_passagier_daten ist_gueltig abbruch.

    Cl_abap_unit_assert=>assert_equals( exp =
      exp_passagier_daten act = act_passagier_daten
      msg = 'Flugdaten sind nicht korrekt' ).
    Cl_abap_unit_assert=>assert_initial( act = ist_gueltig
      msg = 'Erwartet werden gueltige Flugdaten' ).

  ENDMETHOD.

  METHOD create_test_injection.

    TEST-INJECTION eingabe_connid_fldate_popup.

      READ TABLE flug_daten_eingabe ASSIGNING <fde>
        INDEX 1.
      <fde>-value = '737'.
```

```
      READ TABLE flug_daten_eingabe ASSIGNING <fde>
        INDEX 2.
      <fde>-value = '20190116'.

      abbruch = space.

    END-TEST-INJECTION.

  ENDMETHOD.

ENDCLASS.
```

*Listing 5.4: Test-Injektion in einer Testklasse*

**☛ Variablen in einer Test-Injektion**

Sie können auf alle Variablen zugreifen, die innerhalb des Test-Seams sichtbar sind.

### Regressionstests in Auswertungen

Sie können *Regressionstests* auf Auswertungen, die Daten ausschließlich anzeigen, oder auf Reports, die aus bestehenden Daten Buffer-Tabellen für Auswertungen erstellen, anwenden. Anstatt mit starren Testdaten kann der Regressionstest mit dynamischen Daten aus dem Produktivsystem durchgeführt werden. Verglichen wird die bestehende Implementierung, die im Produktivsystem verwendet wird, mit einer modifizierten oder einer neuen Implementierung, die im Produktivsystem noch nicht aktiv im Einsatz ist. Die bestehende Implementierung wird im Folgenden *bisheriger Algorithmus* genannt, die modifizierte oder neue Implementierung *neuer Algorithmus*.

Der bisherige Algorithmus bleibt vorerst unverändert im Produktivsystem bestehen. D. h., Sie transportieren ein separates Programm, das den Vergleich zwischen neuem und bisherigem Algorithmus übernimmt, in Ihr Produktivsystem. Beim Vergleich müssen Sie nur noch entscheiden, ob die gefundenen Abweichungen erwarteter oder unerwarteter Natur sind. Die Nutzer arbeiten weiterhin mit dem bisherigen Algorithmus und bekommen von der Änderung noch nichts mit. Erst wenn Sie keine Fehler mehr finden können, geben Sie den neuen Algorithmus für die Benutzer frei.

Ein Beispiel für die Anwendung dieses Verfahrens finden Sie unter *https://github.com/germanysources/replace_legacy_code*. In diesem Repository – im Folgenden »Legacy Code abgesagte Angebote« genannt – wurde die Auswertung über abgesagte Angebote im Report `zangebote_abgesagt_legacy` (bisheriger Algorithmus) implementiert. Der Report `zangebote_abgesagt_legacy` wird in Listing 5.5 dargestellt. Dieser Report enthält viele für Legacy Code charakteristische Eigenschaften, die mit dem Kommentar `" anti-pattern` hervorgehoben wurden. Beispielsweise wurde die Umrechnung der Mengeneinheiten über eine `CASE`-Bedingung mit einigen Einheiten realisiert. Deshalb soll das Repository »Legacy Code abgesagte Angebote« durch die besser wartbare Implementierung im Programm `zangebote_abgesagt` ersetzt werden.

```
REPORT ZANGEBOTE_ABGESAGT_LEGACY.

TABLES: vbkd, vbak, vbap.
SELECT-OPTIONS: bstdk FOR vbkd-bstdk,
  kunnr FOR vbak-kunnr,
  matnr FOR vbap-matnr.
PARAMETERS: layout TYPE slis_vari.

" anti-pattern gesamte Logik in einer langen Prozedur
" implementiert ohne Trennung von Anwendungs- und
" Praesentationslogik
" anti-pattern die Funktion des Source-Codes ist nur schwer
" nachvollziehbar

START-OF-SELECTION.

  " anti-pattern Variablennamen beschreiben nur technische
  " Eigenschaften und sind wenig aussagekraeftig
  DATA: lt_vbkd TYPE STANDARD TABLE OF vbkd,
        ls_vbak TYPE vbak,
```

```
        ls_vbap TYPE vbap,
        ls_out TYPE zangebot_summe_kunde_artikel,
        lt_outtab TYPE STANDARD TABLE OF
        zangebot_summe_kunde_artikel,
        h_netpr_von TYPE netpr,
        h_netpr_bis TYPE netpr,
        h_netpr TYPE netpr,
        h_tabix TYPE i,
        append TYPE i,
        ls_variant TYPE disvariant.

FIELD-SYMBOLS: <fs_vbkd> TYPE vbkd.

SELECT * FROM vbkd INTO TABLE lt_vbkd
  WHERE bstdk IN bstdk.

" anti-pattern verschachtelte SQL-Statements sorgen fuer
" eine schlechte Performance
" anti-pattern Single-Level-of-Abstraction nicht
" eingehalten
LOOP AT lt_vbkd ASSIGNING <fs_vbkd>.
  SELECT * FROM vbak INTO ls_vbak
    WHERE vbeln = <fs_vbkd>-vbeln.

    " anti-pattern Magic-Numbers
    CHECK ls_vbak-kunnr IN kunnr AND ls_vbak-vbtyp = 'B'.

    SELECT * FROM vbap INTO ls_vbap
      WHERE vbeln = ls_vbak-vbeln AND matnr IN matnr
      AND netpr > 0.

      " anti-pattern Unit-Test fuer diese Anweisungen
      " nicht moeglich
      CLEAR ls_out.
      READ TABLE lt_outtab INTO ls_out WITH KEY
        kunnr = ls_vbak-kunnr artikel = ls_vbap-matnr
        monat = <fs_vbkd>-bstdk+0(6) waerk =
        ls_vbap-waerk.
      append = sy-subrc.
      h_tabix = sy-tabix.
```

```
IF append <> 0.
  ls_out-kunnr = ls_vbak-kunnr.
  ls_out-monat = <fs_vbkd>-bstdk+0(6).
  ls_out-artikel = ls_vbap-matnr.
  ls_out-waerk = ls_vbap-waerk.
ENDIF.
ADD 1 TO ls_out-anzahl_gesamt.

" anti-pattern Magic-Numbers
IF ls_vbap-abgru = '02'.

  ADD 1 TO ls_out-anzahl_abgesagt.
  h_netpr_von = 0. h_netpr_bis = 0.
  IF ls_out-netto_preis_von > 0.
    h_netpr_von = ls_out-netto_preis_von /
     ls_out-kpein_von.
  ENDIF.
  IF ls_out-netto_preis_bis > 0.
    h_netpr_bis = ls_out-netto_preis_bis /
      ls_out-kpein_bis.
  ENDIF.
  h_netpr = ls_vbap-netpr / ls_vbap-kpein.

  " anti-pattern Einheitenumrechnung greift nur fuer
  " 2 Einheiten. Ein Service, der alle Einheiten
  " umrechnen kann, waehre wuenschenswert
  " Umrechnung pro Stueck
  CASE ls_vbap-kmein.
    WHEN 'PAL'.
      "Palette enthaelt 300 Stueck
      h_netpr = h_netpr / 300.
      ls_out-kmein = 'ST'.
    WHEN 'TS'.
      h_netpr = h_netpr / 1000.
      ls_out-kmein = 'ST'.
    WHEN OTHERS.
      ls_out-kmein = ls_vbap-kmein.
  ENDCASE.
  " Vergleich
  IF h_netpr < h_netpr_von OR h_netpr_von = 0.
```

```
          ls_out-netto_preis_von = ls_vbap-netpr.
          ls_out-kpein_von = ls_vbap-kpein.
        ENDIF.
        IF h_netpr > h_netpr_bis.
          ls_out-netto_preis_bis = ls_vbap-netpr.
          ls_out-kpein_bis = ls_vbap-kpein.
        ENDIF.

      ENDIF.
      IF append <> 0.
        APPEND ls_out TO lt_outtab.
      ELSE.
        MODIFY lt_outtab FROM ls_out INDEX h_tabix.
      ENDIF.

    ENDSELECT.

  ENDSELECT.
ENDLOOP.

LOOP AT lt_outtab INTO ls_out.
  h_tabix = sy-tabix.

  ls_out-ver_abs = ls_out-anzahl_abgesagt /
    ls_out-anzahl_gesamt * 100.

  SELECT SINGLE name1 FROM kna1 INTO ls_out-name_kunde
    WHERE kunnr = ls_out-kunnr.
  SELECT SINGLE maktx FROM makt INTO ls_out-bez_artikel
    WHERE spras = sy-langu AND matnr = ls_out-artikel.
  MODIFY lt_outtab FROM ls_out INDEX h_tabix.

ENDLOOP.
" anti-pattern fehlender Hinweis, wenn keine
" Angebote vorhanden sind

ls_variant-report = sy-repid.
ls_variant-variant = layout.
CALL FUNCTION 'REUSE_ALV_GRID_DISPLAY'
  EXPORTING
```

```
    i_save = 'A'
    is_variant = ls_variant
    i_structure_name = 'ZANGEBOT_SUMME_KUNDE_ARTIKEL'
  TABLES
    t_outtab = lt_outtab.
```

*Listing 5.5: Report »zangebote_abgesagt_legacy« mit vielen Eigenschaften von Legacy Code*

Mithilfe eines Regressionstests wird geprüft, ob dem Benutzer im Report `zangebote_abgesagt_legacy` dieselben Daten angezeigt werden wie im Report `zangebote_abgesagt`, der in Kapitel 1 erwähnt wurde.

Um den Regressionstest im Produktivsystem zu ermöglichen, führen Sie die folgenden Schritte im Entwicklungssystem durch:

1. Der Report `zangebote_abgesagt_legacy` wird im ersten Schritt in den Report `zangebote_abgesagt_legacy_rep` kopiert. Der Report `zangebote_abgesagt_legacy` wird in den nächsten Schritten nicht mehr verändert.

2. Im zweiten Schritt wird die Anzeige des ALV-Grids im Report `zangebote_abgesagt_legacy_rep` auskommentiert. Anstelle des ALV-Grids soll der Report `zangebote_abgesagt_legacy_rep` die Differenzen zwischen dem bisherigen Algorithmus (Report `zangebote_abgesagt_legacy`) und dem neuen Algorithmus (Klasse `zangebote_abgesagt`) anzeigen.

3. Im dritten Schritt wird das Unterprogramm `vergleich_algorithmen` eingefügt, das die Resultate der beiden Algorithmen vergleicht (siehe Listing 5.6). In diesem Fall handelt es sich bei den Resultaten um interne Tabellen, die über einfache Operationen verglichen werden können.

```
"! alt_summe mit der ermittelten Summe in der Klasse
"! zangebote_abgesagt vergleichen
"! @parameter mismatch | Datensaetze, die nicht
"! uebereinstimmen
FORM vergleich_algorithmen USING alt_summe TYPE
  zangebote_abgesagt=>out_summe_kunde_artikel
```

```
CHANGING mismatch TYPE _mismatch
RAISING zcx_angebot_abgesagt.

DATA: neu_object TYPE REF TO zangebote_abgesagt,
      neu_summe TYPE
      zangebote_abgesagt=>out_summe_kunde_artikel.
FIELD-SYMBOLS: <alt> TYPE zangebot_summe_kunde_artikel,
               <neu> LIKE <alt>,
               <mismatch> TYPE __mismatch.

CLEAR: mismatch.

" neuer Algorithmus liegt in Klasse zangebote_abgesagt
CREATE OBJECT neu_object
  EXPORTING
    bestelldaten = bstdk[]
    kunden = kunnr[]
    artikel = matnr[].

neu_object->get_angebote( IMPORTING summe_kunde_artikel =
  neu_summe ).

" Vergleich
LOOP AT alt_summe ASSIGNING <alt>.
  " READ TABLE Anweisung vergleicht nur die Felder des
  " Primaerschluessels (zeichenartig).
  " Die numerischen Felder muessen nochmals separat
  " verglichen werden.
  READ TABLE neu_summe ASSIGNING <neu> FROM <alt>.
  IF sy-subrc <> 0.
    " Datensatz kommt im bisherigen Algorithmus vor,
    " aber nicht im neuen
    APPEND INITIAL LINE TO mismatch ASSIGNING <mismatch>.
    <mismatch>-alt = <alt>.
  ELSEIF <neu> <> <alt>.
    " Einzelne Felder stimmen nicht ueberein
    APPEND INITIAL LINE TO mismatch ASSIGNING <mismatch>.
    <mismatch>-alt = <alt>.
    <mismatch>-neu = <neu>.
  ENDIF.
```

```
  ENDLOOP.

  LOOP AT neu_summe ASSIGNING <neu>.

    READ TABLE alt_summe ASSIGNING <alt> FROM <neu>.
    IF sy-subrc <> 0.
      " Datensatz kommt im neuem Algorithmus vor, aber nicht
      " im alten
      APPEND INITIAL LINE TO mismatch ASSIGNING <mismatch>.
      <mismatch>-neu = <neu>.
    ENDIF.
  ENDLOOP.

ENDFORM.
```

*Listing 5.6: Vergleich neuer Algorithmus in der Klasse »zangebote_abgesagt« – bisheriger Algorithmus im Report »zangebote_abgesagt_legacy«*

4. Im vierten Schritt wird im Ereignis `START-OF-SELECTION` das Unterprogramm `vergleich_algorithmen` aufgerufen, und die Abweichungen in der internen Tabelle `mismatch` werden auf der Konsole ausgegeben (siehe Listing 5.7).

```
" Anzeige im ALV-Grid deaktivieren
"  ls_variant-report = sy-repid.
"  ls_variant-variant = layout.
"  CALL FUNCTION 'REUSE_ALV_GRID_DISPLAY'
"    EXPORTING
"      i_save = 'A'
"      is_variant = ls_variant
"      i_structure_name = 'ZANGEBOT_SUMME_KUNDE_ARTIKEL'
"    TABLES
"      t_outtab = lt_outtab.

" und durch Vergleich ersetzen
PERFORM vergleich_algorithmen USING lt_outtab
  CHANGING mismatch.
```

```
" Ausgabe Vergleich
WRITE: 'Datensaetze nicht im neuen Algorithmus vorhanden'.
NEW-LINE.
LOOP AT mismatch ASSIGNING <mismatch>
  WHERE neu IS INITIAL.

  WRITE: <mismatch>-alt-kunnr, <mismatch>-alt-name_kunde,
    <mismatch>-alt-artikel, <mismatch>-alt-bez_artikel,
    <mismatch>-alt-monat. NEW-LINE.

ENDLOOP.

WRITE: 'Datensaetze nicht im bisherigen Algorithmus
  vorhanden'. NEW-LINE.
LOOP AT mismatch ASSIGNING <mismatch>
  WHERE alt IS INITIAL.

  WRITE: <mismatch>-neu-kunnr, <mismatch>-neu-name_kunde,
    <mismatch>-neu-artikel, <mismatch>-neu-bez_artikel,
    <mismatch>-neu-monat. NEW-LINE.

ENDLOOP.

WRITE: 'numerische Werte inkorrekt'. NEW-LINE.
LOOP AT mismatch ASSIGNING <mismatch>
  WHERE alt IS NOT INITIAL AND neu IS NOT INITIAL.

  WRITE: <mismatch>-alt-kunnr, <mismatch>-alt-name_kunde,
    <mismatch>-alt-artikel, <mismatch>-alt-bez_artikel,
    <mismatch>-alt-monat. NEW-LINE.
  WRITE: 'Anzahl abgesagt', 'Anzahl gesamt',
    'Nettopreis von', 'Nettopreis bis', 'Preiseinheit von',
    'Preiseinheit bis'. NEW-LINE.
  WRITE: 'bisheriger Algorithmus'. NEW-LINE.
  WRITE: <mismatch>-alt-anzahl_abgesagt,
    <mismatch>-alt-anzahl_gesamt,
    <mismatch>-alt-netto_preis_von,
    <mismatch>-alt-netto_preis_bis,
    <mismatch>-alt-kpein_von,
```

```
      <mismatch>-alt-kpein_bis,
      <mismatch>-alt-kmein. NEW-LINE.
    WRITE: 'neuer Algorithmus'. NEW-LINE.
    WRITE: <mismatch>-neu-anzahl_abgesagt,
      <mismatch>-neu-anzahl_gesamt,
      <mismatch>-neu-netto_preis_von,
      <mismatch>-neu-netto_preis_bis,
      <mismatch>-neu-kpein_von,
      <mismatch>-neu-kpein_bis,
      <mismatch>-neu-kmein. NEW-LINE.

  ENDLOOP.
```

*Listing 5.7: Ausgabe der Differenzen auf der Konsole*

Der Vergleichsreport `zangebote_angesagt_legacy_rep` ist jetzt fertig und kann, ohne dass die Benutzer beeinträchtigt werden, in das Produktivsystem transportiert werden.

Dort können Sie diesen Vergleichsreport ausgiebig testen. Erst nachdem Sie keine Differenzen zwischen dem bisherigen und dem neuen Algorithmus mehr finden, sollten Sie den bisherigen durch den neuen Algorithmus tauschen.

Durch Regressionstests in dieser Form können Auswertungen risikolos ersetzt werden.

# 6 Werkzeuge

**In diesem Kapitel möchte ich Ihnen einige Werkzeuge des SAP-Systems vorstellen, mit denen Sie Fehler im Entwicklungs- und im Release-Prozess vermeiden.**

## 6.1 Versionsverwaltungswerkzeuge

Versionsverwaltungswerkzeuge dokumentieren Quelltextmodifikationen. Im Regelfall können diese Werkzeuge einzelne Zeilen, die gelöscht, geändert oder hinzugefügt wurden, farblich hervorheben. Somit sind Kommentare, wer wann welche Zeile modifiziert hat, überflüssig.

Für Entwickler sind Versionsverwaltungswerkzeuge sehr wichtig, da sie Modifikationen nachvollziehbar machen. Der aktuelle Source Code muss nicht mehr alle Änderungen mit sich führen. Diese Aufgabe übernimmt das Versionsverwaltungswerkzeug.

Über die Versionsverwaltungswerkzeuge lässt sich die semantische Versionsnummer (vgl. Abschnitt 5.1) bestimmen, und zu guter Letzt können Entwickler mit ihrer Hilfe Modifikationen einfach wieder rückgängig machen.

### 6.1.1 Versionsverwaltungswerkzeuge in der ABAP Workbench

In der ABAP Workbench sind bis auf wenige Ausnahmen alle ABAP-Entwicklungsobjekte und alle Dictionary-Objekte in das eingebaute Versionsverwaltungswerkzeug integriert.

Zu den Ausnahmen, die nicht der Versionsverwaltung unterliegen, gehören:

- Texte und Formatierungen in SAPScript-Formularen,
- Layouteinstellungen in Smartforms und Adobe Forms.

Im Abschnitt 6.1.2 stelle ich Ihnen ein weiteres Versionsverwaltungswerkzeug vor, das auch die eben genannten Ausnahmen versioniert.

Wie schon in Abschnitt 2.1 erwähnt, ist das Versionsverwaltungswerkzeug in der ABAP Workbench über den Menüpfad HILFSMITTEL • VERSIONEN • VERSIONSVERWALTUNG zu erreichen.

Es bietet Ihnen folgende Funktionen (siehe Abbildung 6.1):

- Quelltextvisualisierung in allen Versionen über das Icon ,
- Vergleich zweier Versionen über das Icon ,
- ZURÜCKHOLEN einer älteren Version.

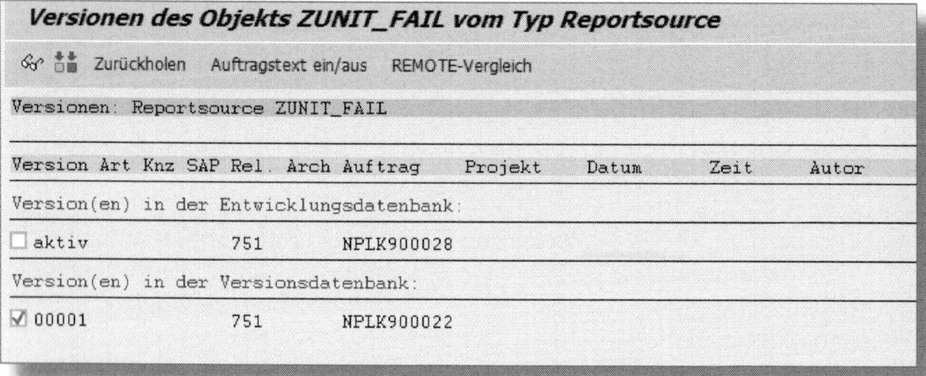


*Abbildung 6.1: Versionsverwaltungswerkzeug in der ABAP Workbench*

Jeder freigegebene Transport übergibt seinen Entwicklungsstand an diese Versionsverwaltung.

### Änderungen revidieren

Änderungen können Sie, wie in Abbildung 6.1 gezeigt, über den Button ZURÜCKHOLEN revidieren.

Vorteilhaft hierfür sind Transportaufträge mit wenigen Objekten. Um eine Änderung rückgängig zu machen, benötigen Sie alle Objekte des

Transportauftrages. Die Transaktion *SE10* listet Ihnen diese Objekte auf, und mit einem Doppelklick auf ein Objekt öffnet sich die jeweilige Detailansicht. Nun wählen Sie den Menüpfad HILFSMITTEL • VERSIONEN • VERSIONSVERWALTUNG und anschließend den Button ZURÜCKHOLEN.

## 6.1.2 Versionsverwaltungswerkzeug abapGit (Version 1.85.0)

*abapGit* ist ein Open-Source-Versionsverwaltungswerkzeug basierend auf dem Versionsverwaltungswerkzeug git® (*https://git-scm.com*). Nutzen können Sie abapGit ab dem SAP NetWeaver Release 7.0 Ehp2. Konzipiert wurden git und abapGit für die Zusammenarbeit vieler Entwickler, wie es bei Open-Source-Projekten üblich ist. Wenn Sie mit anderen Programmiersprachen vertraut sind, werden Sie bemerkt haben, dass die Quelltexte immer in einer Verzeichnisstruktur des Dateisystems liegen. ABAP-Programme sind dagegen in einer rationalen Datenbank gespeichert. git wurde für in einer Verzeichnisstruktur abgelegte Softwareprojekte konzipiert und kann daher nicht direkt für ABAP-Projekte verwendet werden. Stattdessen ist abapGit erforderlich, das ABAP-Programme für die Ablage in einer Verzeichnisstruktur serialisiert. In Abbildung 6.2 sehen Sie die Einstiegsmaske von abapGit, dessen Funktionen ich Ihnen in den nächsten Abschnitten erläutere.

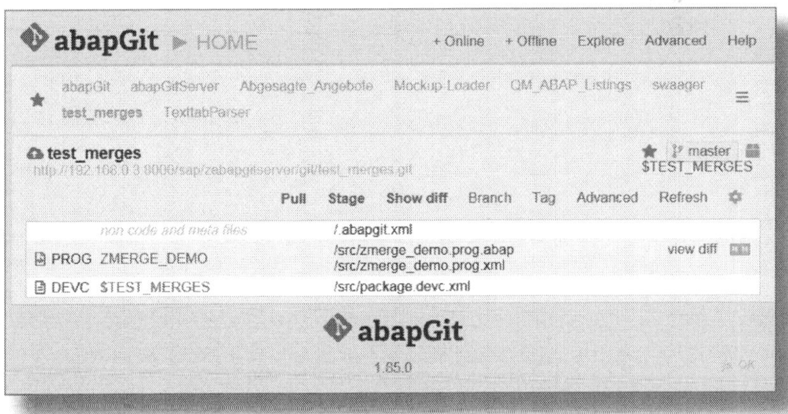


*Abbildung 6.2: abapGit – Einstiegsmaske mit Remote-Repository*

### Begrifflichkeiten im Zusammenhang mit abapGit

#### Repository

Im Zusammenhang mit git und abapGit sprechen wir von *Repositories* und meinen damit den gesamten Source Code eines Softwareprojektes, der versioniert werden soll. abapGit behandelt alle Objekte eines Paketes, das mit der Transaktion *SE21* angelegt wurde, inklusive der Objekte, die den Unterpaketen zugeordnet sind, als **ein** Repository. Repositories werden unterteilt in Remote-Repositories und Offline-Repositories.

- **Remote-Repository:**
  Ein *Remote-Repository* speichert auf einem git-Server den Source Code des Repositories sowie dessen Versionshistorie. Populäre Vertreter in der Kategorie git-Server sind beispielsweise GitHub® (*https://github.com*) oder GitLab® (*https://gitlab.com*). Auf den git-Server greifen Sie in abapGit mit dem http- oder dem https-Protokoll zu. Um auf die Quelltexte in einem Remote-Repository zuzugreifen, müssen Sie dieses zuerst klonen, d. h. in Ihr Entwicklungssystem kopieren. Nachdem Sie den Source Code, den Sie zuvor aus dem Remote-Repository heruntergeladen haben, modifiziert haben, hat das Remote-Repository nicht automatisch denselben Entwicklungsstand wie Ihr Entwicklungssystem. Sie müssen vielmehr das Remote-Repository mit den Objekten im Entwicklungssystem durch Commits (s. unten) synchronisieren.

> **SSL-Verbindung einrichten**
>
> Richten Sie die SSL-Verbindung ein, bevor Sie mit Remote-Repositories arbeiten. Die Einrichtung ist unter *https://docs.abapgit.org/guide-ssl-setup.html* beschrieben.

Wenn Sie, anstatt mit GitHub oder GitLab zu arbeiten, lieber Ihren eigenen git-Server hosten wollen, finden Sie einen unter *https://github.com/larshp/abapGitServer*, der als Webservice direkt in jedes SAP-System eingebunden werden kann.

- **Offline-Repository:**
  Ein *Offline-Repository* wird als zip-Archiv im Dateisystem gespeichert. Dieses zip-Archiv enthält den aktuellen Stand aller ABAP-Entwickelungsobjekte, die Bestandteil des Repositories sind. Allerdings fehlt diesem zip-Archiv die Versionshistorie.

#### Commit

Wenn Sie einen *Commit* erzeugen, übergeben Sie dem Versionsverwaltungswerkzeug den aktuellen Stand des Quelltextes. Das Versionsverwaltungswerkzeug hält diesen Stand fest; selbst wenn Sie nach Erzeugung des Commits den Quelltext anpassen, bleibt der Stand des Commits erhalten. Den Commit müssen Sie sich so vorstellen, als wäre das Repository ein Arbeitsverzeichnis, das permanenten Änderungen unterliegt. Bei einem Commit wird das Arbeitsverzeichnis in ein neues Verzeichnis (Snapshot) kopiert. Der Snapshot wird nicht mehr verändert. Zu jedem Zeitpunkt können Sie auf den bisherigen Stand im Snapshot zugreifen und die Differenzen zwischen Arbeitsverzeichnis und Snapshot ablesen.

#### Tag

Ein *Tag* ist ein beschrifteter Zeiger, der auf einen Commit verweist. Tags werden üblicherweise zur Verknüpfung der semantischen Versionsnummer mit dem Commit verwendet. Zwischen zwei Releases können mehrere Commits liegen. Tags kennzeichnen somit den tatsächlichen Release-Stand, der am Ende in das Produktivsystem transportiert wurde. Interne Zwischenstände, die während der Entwicklung erzeugt wurden, können anhand der Tags von den ausgelieferten Ständen unterschieden werden.

Hier weichen die eingebauten Versionsverwaltungen in der ABAP Workbench und in git voneinander ab. Wenn Sie über die Workbench einen Transport von Kopien freigeben, wird eine neue Version erzeugt. Wenn Sie zum Transport in das Produktivsystem einen Transportauftrag freigeben, wird ebenfalls eine neue Version erzeugt. Hinterher können Sie in der Versionsverwaltung der ABAP Workbench nur noch schwer unterscheiden, welche Versionen interne Zwischenstände repräsentieren und welche in das Produktivsystem ausgeliefert wurden.

### Branch

Ein *Branch* ist wie ein Tag ein Zeiger, der auf einen Commit verweist. Im Vergleich zu einem Tag wandert dieser Zeiger mit jedem Commit mit. Bei Erzeugung eines Commits geben Sie daher immer den Branch mit an. Ein Branch repräsentiert jeweils einen separaten Entwicklungsstand. Mehrere Branches pro Repository sind möglich. Im Repository des Codebeispiels »abgesagte Angebote« existieren zwei Branches: der Masterbranch, der mit den Tabellen `vbak`, `vbkd` und `vbap` arbeitet, und der WITHOUT_SD_TABLES-Branch, der diese Tabellen durch z-Tabellen ersetzt. Dies sind zwei unterschiedliche Entwicklungsstände, die getrennt voneinander weiterentwickelt werden können.

### Merge

*Merges* sind eine Alternative zum Modifikationsassistenten der ABAP Workbench. Ein Merge führt die Entwicklungsstände von zwei Branches zusammen, ohne dass sich dabei Änderungen gegenseitig überschreiben. Die beiden Branches setzen sich jeweils aus Ziel-Branch und Quell-Branch zusammen, die abgemischt werden. Wurde der Source Code eines Objektes nur im Quell-Branch geändert, enthält dieses Objekt nach dem Merge den Source Code des Quell-Branches. Wurde der Source Code nur im Ziel-Branch geändert, behält dieses Objekt seinen Source Code. Wurde ein Objekt dagegen in beiden Branches verändert, kommt es zu einem Merge-Konflikt, der manuell aufgelöst werden muss. Das Auflösen stelle ich Ihnen später in diesem Abschnitt detailliert vor.

## Funktionen der Einstiegsmaske (Remote-Repositories)

In diesem Abschnitt möchte ich Ihnen die Bedienung der Einstiegsmaske (Abbildung 6.2) erläutern. Die Funktionen, die in diesem Abschnitt vorgestellt werden, sind ausschließlich für Remote-Repositories nutzbar.

#### +ONLINE

Wenn Sie in der Einstiegsmaske den Button +ONLINE wählen, können Sie ein Remote-Repository in Ihr Entwicklungssystem einbinden (klonen). Standardmäßig wird der Entwicklungsstand im Masterbranch geklont. Einen anderen Branch müssen Sie explizit angeben.

»Klonen« bedeutet, dass alle Entwicklungsobjekte heruntergeladen, als ABAP-Objekt angelegt und dann aktiviert werden.

**Umgang mit vorhandenen Objekten**

Enthält das Remote-Repository ein Objekt, das bereits in Ihrem Entwicklungssystem angelegt wurde, überschreibt abapGit dieses Objekt während des Klonens nicht automatisch.

Das Codebeispiel »abgesagte Angebote« liegt im Remote-Repository *https://github.com/germanysources/clean_code_demo*. Sie können dieses Repository herunterladen und direkt in Ihr SAP-System einbinden. Abbildung 6.3 zeigt die Auswahl, die Sie dabei treffen müssen. Um den Entwicklungsstand im WITHOUT_SD_TABLES-Branch herunterzuladen, wählen Sie den Button SELECT BRANCH.

New Online Project

| | |
|---|---|
| Git clone URL | https://github.com/germanysources/clean_code_demo |
| Package | $ANGEBOTE |
| Branch | refs/heads/without_sd_tables |
| Display name (opt.) | |
| Folder logic | PREFIX |
| Ignore subpackages | |

OK | Select branch

*Abbildung 6.3: Repository in abapGit klonen*

Nachdem die Objekte aktiviert wurden, können Sie diese direkt verwenden.

### SHOW DIFF/VIEW DIFF

Diese beiden Funktionen visualisieren die Unterschiede zwischen dem Remote-Repository und Ihrem Entwicklungssystem. Der Stand im Entwicklungssystem ist für abapGit der lokale Stand. Sofern lokaler Stand und Stand des Remote-Repositories übereinstimmen, bleibt die Funktion verborgen.

VIEW DIFF visualisiert den Unterschied eines einzelnen Programms, einer einzelnen Klasse bzw. eines einzelnen Entwicklungsobjektes. Neben bzw. unter der Funktion VIEW DIFF in Abbildung 6.2 erscheinen zwei Kästchen, die mit einem der folgenden Symbole gefüllt sind:

- *X:* Das Objekt ist unverändert,
- *A:* Das Objekt wurde hinzugefügt,
- *M:* Das Objekt wurde modifiziert,
- *D:* Das Objekt wurde gelöscht.

Das Kästchen auf der linken Seite symbolisiert die Änderungen, die Sie lokal in Ihrem Entwicklungssystem vorgenommen haben. Auf der rechten Seite werden die Änderungen dargestellt, die aus anderen Systemen an das Remote-Repository übertragen wurden. Erscheint wie in Abbildung 6.2 auf der linken sowie auf der rechten Seite ein *M*, bedeutet dies, dass Sie seit der letzten Synchronisation mit dem Remote-Repository den Report `ZMERGE_DEMO` verändert haben und dass seitdem andere Entwickler Änderungen an das Remote-Repository übertragen haben.

Im Unterschied zur Funktion VIEW DIFF visualisiert SHOW DIFF die Differenzen in allen Entwicklungsobjekten.

### STAGE

Die Funktion Stage, die nach einer Quelltextmodifikation in Ihrem Entwicklungssystem erscheint, stößt einen Commit an. Wenn Sie sie wählen, können Sie im ersten Schritt entweder alle oder nur einzelne Objekte wählen, die an das Remote-Repository übergeben werden sollen. Im zweiten Schritt können Sie in der Commit-Message Ihre Änderungen beschreiben, wie Abbildung 6.4 zeigt.

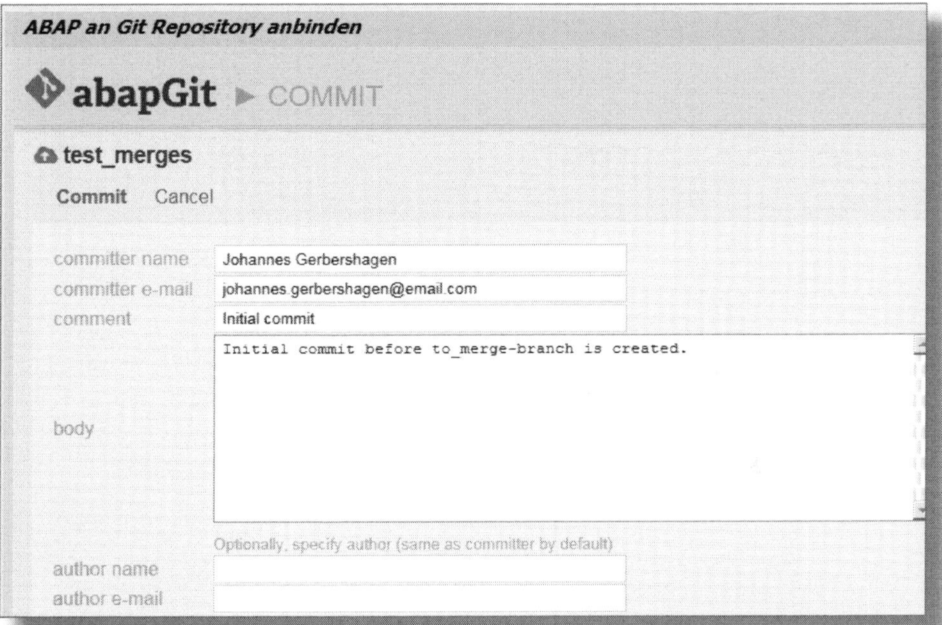


*Abbildung 6.4: abapGit Commit-Message*

Im Feld COMMITTER E-MAIL wird immer Ihre E-Mail-Adresse angezeigt. So wird der Commit dieser Adresse direkt zugeordnet.

PULL

Weist das Remote-Repository einen neueren Entwicklungsstand als Ihr Entwicklungssystem auf, können Sie mit der Pull-Funktion den Entwicklungsstand zwischen Remote-Repository und Entwicklungssystem synchronisieren. Wie die STAGE-Funktion bleibt die PULL-Funktion verborgen, wenn beide Stände identisch sind.

abapGit weist Sie auf lokale Änderungen, die noch nicht an das Remote-Repository übergeben wurden, mit dem in Abbildung 6.5 gezeigten Dialog hin. Sie können in diesem Dialog entscheiden, welche Änderungen Sie überschreiben wollen.

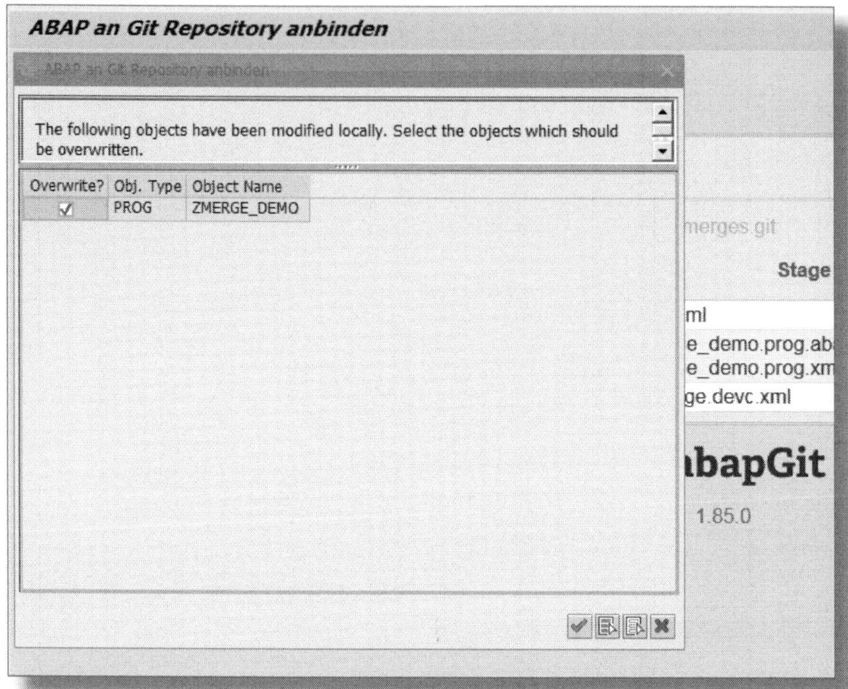


*Abbildung 6.5: Hinweis auf lokale Änderungen bei der Pull-Funktion*

### BRANCH

Mit der Branch-Funktion können Sie zwischen Branches wechseln. Nach einem Branch-Wechsel erscheint die PULL-Funktion, mit der Sie den Stand zwischen Remote-Repository und Entwicklungssystem synchronisieren können.

**! Commits vor dem Branch-Wechsel nicht vergessen**

Erzeugen Sie immer einen Commit, bevor Sie den Branch wechseln. Somit werden Ihre Änderungen nicht durch einen Branch-Wechsel überschrieben.

Die OVERVIEW-Funktion der Branches stellt die Entwicklungsstände in den einzelnen Branches sowie die Commits, die in den einzelnen Branches erfolgt sind, grafisch dar (siehe Abbildung 6.6). In einem Baumdiagramm ist jeder Branch in einer separaten Farbe abgebildet, und jeder Punkt entspricht einem Commit. Neben dem Baumdiagramm werden zu den einzelnen Commits die Commit-Message und der Autor angezeigt.

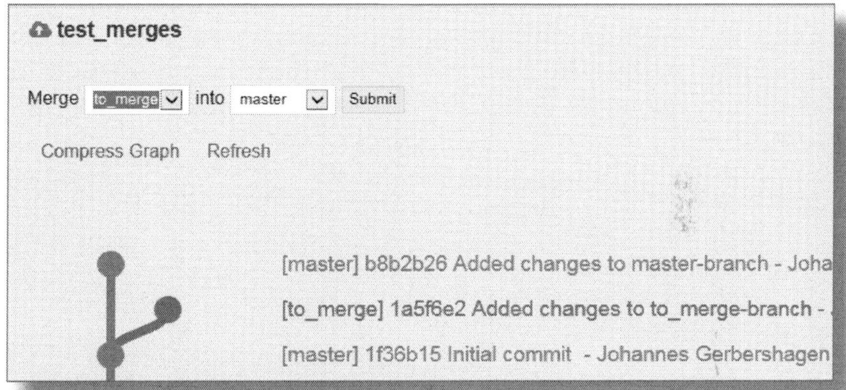


*Abbildung 6.6: Branch-Overview*

### Merge-Konflikte

Wie in Abbildung 6.6 ersichtlich, bietet abapGit die MERGE-Funktionalität. Diese Funktion führt, wie bereits erwähnt, die Entwicklungsstände zweier Branches zusammen. Die Zusammenführung verläuft nicht immer konfliktfrei. Darum möchte ich Ihnen in diesem Abschnitt zeigen, wie Sie diese Konflikte erkennen und auflösen.

Merge-Konflikte werden im Folgenden anhand des Reports `zmerge_demo`, der die ersten 100 Zahlen in eine Liste schreibt, demonstriert. Dieser Report ist in zwei Branches vorhanden.

```
REPORT zmerge_demo.

START-OF-SELECTION.
  DO 100 TIMES.
```

```
    WRITE sy-index. NEW-LINE.
  ENDDO.
```

*Listing 6.1: Anfangsstand Report »zmerge_demo«*

Listing 6.1 enthält den Stand im Masterbranch. Von diesem Stand wird jetzt der TO_MERGE-Branch abgeleitet.

Listing 6.2 zeigt die Modifikation im Masterbranch, nachdem der TO_MERGE-Branch erstellt wurde. Zu Anfang des `START-OF-SELECTION`-Ereignisses wurde der Befehl `WRITE: 'Die ersten 100 Zahlen'` ergänzt.

```
REPORT zmerge_demo.

START-OF-SELECTION.
  WRITE: 'Die ersten 100 Zahlen'. NEW-LINE.
  DO 100 TIMES.
    WRITE sy-index. NEW-LINE.
  ENDDO.
```

*Listing 6.2: Modifikation im Masterbranch*

Listing 6.3 zeigt die Modifikation im TO_MERGE-Branch. Am Ende des `START-OF-SELECTION`-Ereignisses wurde der Befehl `WRITE 'Listenende'` ergänzt.

```
REPORT zmerge_demo.

START-OF-SELECTION.
  DO 100 TIMES.
    WRITE sy-index. NEW-LINE.
  ENDDO.
  WRITE 'Listenende'.
```

*Listing 6.3: Modifikation im TO_MERGE-Branch*

Beim Merge von TO_MERGE-Branch und Masterbranch wird nicht einfach der Report `zmerge_demo` im Masterbranch mit dem Stand im TO_MERGE-Branch überschrieben. Die Änderungen werden vielmehr überprüft, und wenn der Report in beiden Branches geändert wurde, kommt es zu einem Merge-Konflikt, den Sie manuell auflösen müssen.

In unserem Beispiel wurde das `START-OF-SELECTION`-Ereignis im Report `zmerge_demo` sowohl im Masterbranch als auch im TO_MERGE-Branch modifiziert. Die Merge-Funktionalität verzweigt daher in den Konfliktdialog, der in Abbildung 6.7 zu sehen ist.

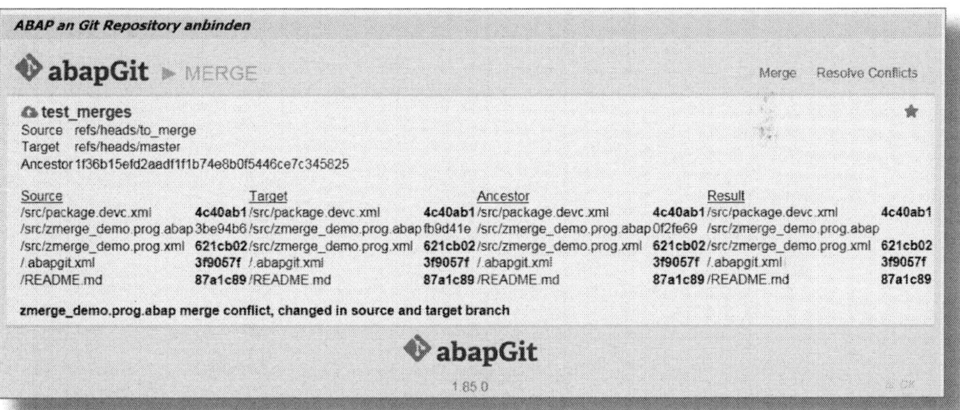


*Abbildung 6.7: abapGit Konfliktdialog*

Über den Button RESOLVE CONFLICTS oben rechts wechseln Sie in den Dialog, der in Abbildung 6.8 gezeigt wird. In diesem Dialog werden die Konflikte auf der linken Seite visualisiert. Auf der rechten Seite finden Sie ein Textfeld, in dem Sie die beiden Änderungen wie folgt manuell zusammenführen können:

Nach dem Merge soll der Report `zmerge_demo` sowohl »Die ersten 100 Zahlen« zu Beginn der Liste als auch das »Listenende« am Ende der Liste ausgeben. D. h., im Textfeld in Abbildung 6.8 wird am Schluss der Befehl `WRITE: 'Listenende'` ergänzt. Damit ist der Merge-Konflikt aufgelöst.

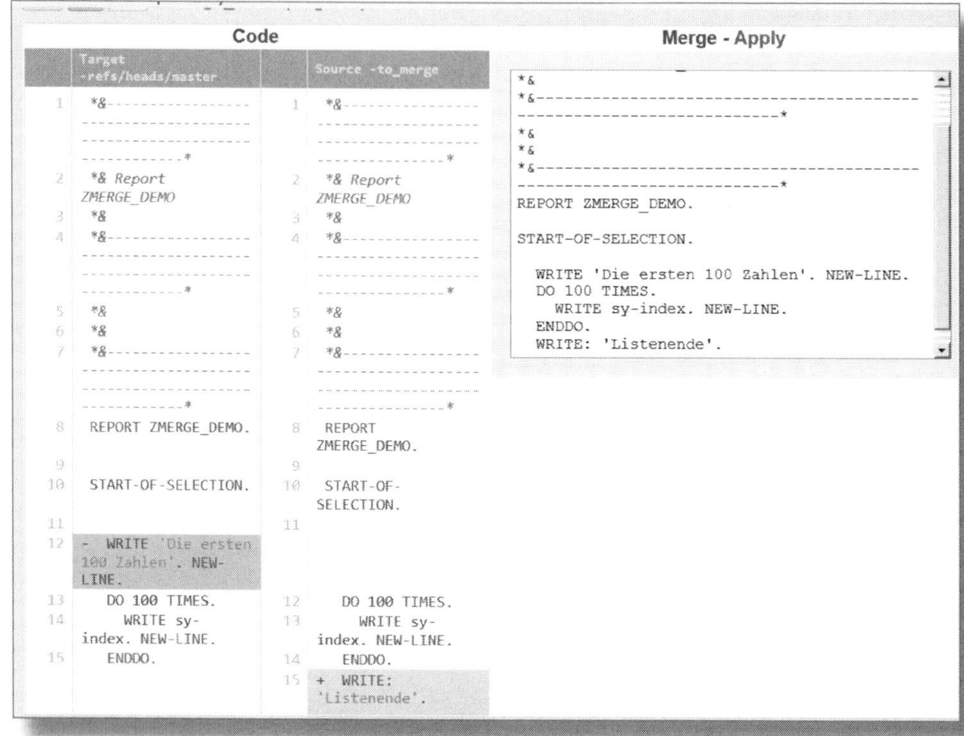


*Abbildung 6.8: Visualisierung Merge-Konflikte*

Nachdem Sie in Abbildung 6.8 die Buttons MERGE und APPLY betätigt haben, enthält das Remote-Repository den zusammengeführten Stand aus beiden Branches. Diesen Stand müssen Sie noch in das lokale Entwicklungssystem übertragen. Wählen Sie hierzu, wie in Abbildung 6.9 gezeigt, ADVANCED • RESET LOCAL ❶.

*Abbildung 6.9: Übertragen an lokal nach dem Merge*

**Offline-Repositories**

Offline-Repositories besitzen eine reduzierte Funktionalität. Die in den letzten beiden Abschnitten besprochenen Funktionen sind für sie nicht nutzbar. Offline-Repositories können Sie ausschließlich dazu nutzen, den Source Code als zip-Archiv zu importieren oder zu exportieren.

Ein Offline-Repository erstellen Sie mit der Funktion +OFFLINE in Abbildung 6.10. Diese Funktion öffnet nach Eingabe des Entwicklungspaketes und Namens das Repository mit seinen Entwicklungsobjekten. Wie Sie in Abbildung 6.10 erkennen können, bieten sich Ihnen die Möglichkeiten des Importes mit der Funktion IMPORT ZIP sowie des Exportes mit der Funktion EXPORT ZIP.

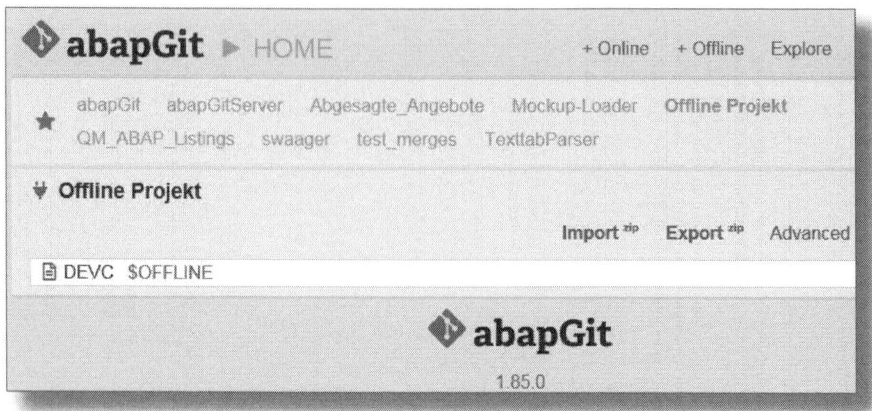


*Abbildung 6.10: Einstiegsmaske mit Offline-Repository*

**Anwendungsfälle für abapGit**

Aufgrund der Nutzung des Branch-Modells bietet abapGit einige Vorteile:

Sogenannte *Featurebranches* ermöglichen die Zusammenarbeit zwischen mehreren Teams, die in unterschiedlichen Entwicklungssystemen arbeiten. Wird mit einem Wartungs- und einem Entwicklungssystem gearbeitet, können die Modifikationen beider Systeme zusammengeführt werden. Daneben können Featurebranches das Wartungssystem in einer 3-Systemlandschaft ersetzen.

Bei Nutzung von Featurebranches wird jedes separate Feature in einem eigenen Branch entwickelt. Ein *Feature* kann in diesem Zusammenhang eine neue Anforderung sein, die das SAP-System abbilden soll, oder auch ein Bugfix. Nachdem das Feature fertig implementiert wurde, wird es über die Merge-Funktionalität in den Masterbranch integriert. Release-Transporte in das Produktivsystem oder Transporte von Kopien in das Test- bzw. Qualitätssicherungssystem werden mit dem Stand des Masterbranches durchgeführt.

Nach der Integration in den Masterbranch ist der Featurebranch obsolet und kann gelöscht werden.

**☛ Agile Entwicklung mithilfe von Featurebranches**

Ein neues Release wird in einem eigenen Branch entwickelt. Ein Bug, der parallel zur Entwicklung des Releases gefixt werden muss, wird in einem separaten Branch bearbeitet. Unter Anwendung eines Featurebranches muss mit dem Bugfix somit nicht gewartet werden, bis das Release fertig zur Auslieferung ist.

Abbildung 6.11 zeigt das prinzipielle Vorgehen bei Featurebranches. Die Kreise symbolisieren jeweils einen Commit. Das Aufeinandertreffen von Featurebranch und Masterbranch symbolisiert den Merge.

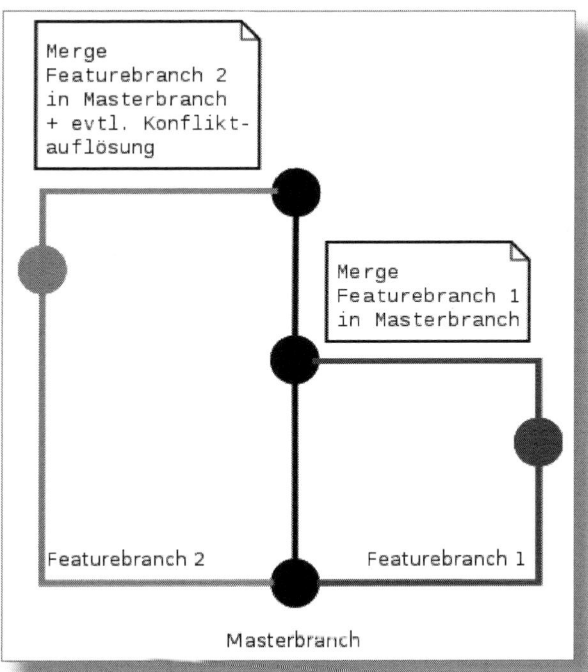


*Abbildung 6.11: Featurebranches*

Eine weitere Einsatzoption bietet sich bei der Kopie eines SAP-Programms in ein z-Programm. Patches, die die SAP ausliefert, können auch nach der Kopie in das z-Programm integriert werden. Sie erinnern sich bestimmt, dass abapGit für die Zusammenarbeit mehrerer Entwickler vorgesehen wurde. Einmal haben wir die Entwickler der SAP, die ihr Programm modifizieren, und einmal die Entwickler in Ihrer Organisation, die eine Kopie des SAP-Programms modifizieren. Im Prinzip finden Sie solche Vorfälle zuhauf bei Open-Source-Projekten. Es existieren zwei Entwicklungsstände, die mit einem Merge zu einem finalen Entwicklungsstand zusammengeführt werden.

Um Patches der SAP in Ihr z-Programm zu integrieren, legen Sie ein Repository an, das nur Ihr z-Programm versioniert. In diesem Repository legen Sie zwei Branches an: einmal den Masterbranch, der Ihre Modifikationen enthält, und einmal den SAP-Branch, der den originalen, von der SAP ausgelieferten Quelltext enthält.

Folgende Schritte sind im Zuge der Kopie durchzuführen, die in Abbildung 6.12 veranschaulicht werden:

1. Repository anlegen für das Paket, das das z-Programm enthält,
2. Kopie des SAP-Programms in das z-Programm,
3. Commit im Masterbranch mit dem unveränderten Quelltext,
4. SAP-Branch vom Masterbranch ableiten,
5. Modifikationen am z-Programm vornehmen,
6. Commit im Masterbranch.

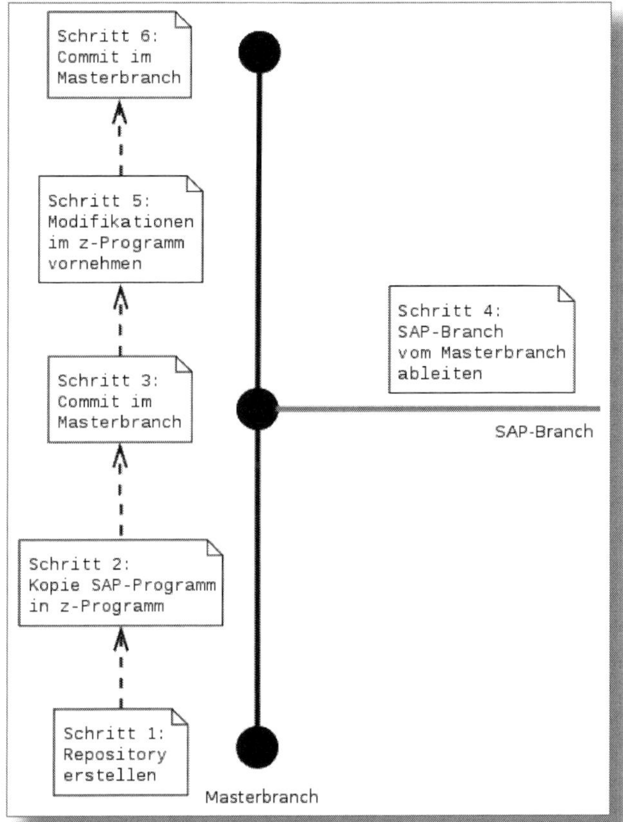


*Abbildung 6.12: Kopie SAP-Programm in z-Programm erster Part*

Liefert die SAP eine neue Version ihrer Implementierung aus, sind folgende Schritte zur Integration der SAP-Modifikationen in Ihr z-Programm notwendig, veranschaulicht in Abbildung 6.13:

1. Wechsel zum SAP-Branch,
2. erneute Kopie des SAP-Programms in dasselbe z-Programm, auch wenn dadurch das z-Programm überschrieben wird (über den Masterbranch haben Sie immer Zugriff auf Ihre modifizierte Version),

3. Commit im SAP-Branch,
4. Merge SAP-Branch in Masterbranch.

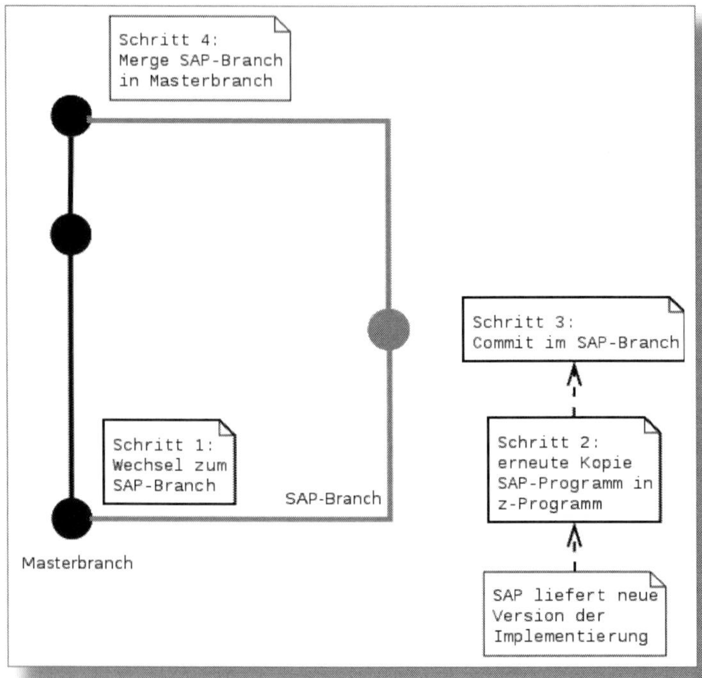


*Abbildung 6.13: Kopie SAP-Programm in z-Programm – Integration Modifikationen der SAP*

## 6.2 Code-Review

Unter *Code-Review* versteht man die Begutachtung von Quelltextmodifikationen durch einen zweiten Entwickler (Vier-Augen-Prinzip). Er stellt somit eine weitere Qualitätskontrolle im Entwicklungsprozess dar. Oft werden in einen Code-Review auch die erweiterten Programmprüfungen (vgl. Abschnitt 6.3) integriert.

Vor Beginn einer Modifikation können gewisse Konventionen vereinbart werden, deren Einhaltung während des Code-Reviews kontinuierlich geprüft wird.

Die folgende Liste gibt Ihnen einige Anhaltspunkte, auf die Sie bei einem Code-Review achten sollten:

- Wurden die Dokumentationen bei Quelltextänderungen aktualisiert?
- Welche Objekte sind von einem Major-Release (vgl. Abschnitt 5.1) betroffen? Wurden diese Objekte ebenfalls aktualisiert?
- Stimmen die Kommentare im Code noch bzw. sind sie noch notwendig?
- Wurden die Tests (Unit-Tests und Integrationstests) aktualisiert und erneut durchgeführt?
- Ist die Verifikation der Tests vollständig?
- Ist das Datenbankschema noch konsistent?
- Wurden die zuvor vereinbarten Konventionen eingehalten?

Menschen können nur kleinere Modifikationen sinnvoll begutachten. Sobald die Modifikationen aber in kurzen Abständen (z. B. mehrmals am Tag) an die Versionsverwaltung übergeben und direkt von einem zweiten Entwickler begutachtet werden, kann ein Code-Review zur Qualitätssicherung beitragen. Fällt bei der Begutachtung eine potenzielle Fehlerquelle auf oder wurden die zuvor vereinbarten Konventionen missachtet, kann der Code unmittelbar nachgebessert werden. Potenzielle Fehlerquellen werden somit bereits im frühesten Stadium erkannt und beseitigt. Niemand will eine wochenlang dauernde Modifikation erst kurz vor der Auslieferung begutachten, da hier die potenziellen Fehlerquellen oft in der Summe der Modifikationen untergehen und auch nur noch schlecht zu beheben sind.

## 6.3 Erweiterte Programmprüfung

Die erweiterte Programmprüfung (siehe Abbildung 6.14) weist Sie bereits nach Aktivierung des Source Codes auf viele Fehlerquellen hin. Es handelt sich dabei um eine statische Prüfung, d. h., der Quelltext wird nicht ausgeführt. Einzelne Objekte können Sie in der ABAP Workbench mit der Tastenkombination `Strg` + `F4` oder mit der Transaktion *SLIN* prüfen.

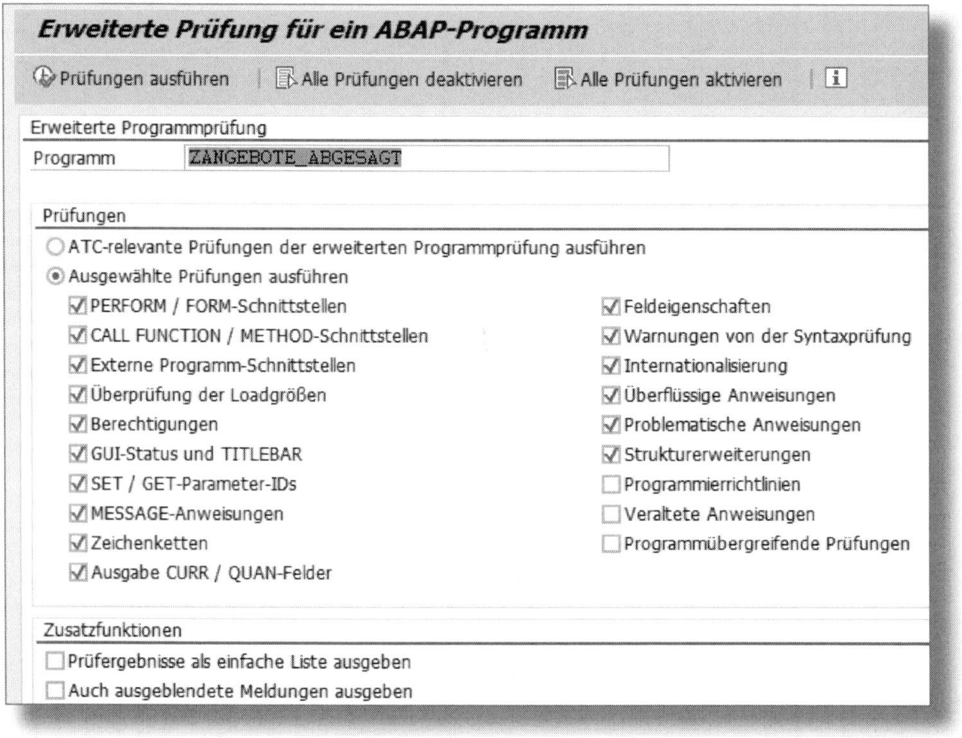

**Erweiterte Prüfung für ein ABAP-Programm**

Prüfungen ausführen | Alle Prüfungen deaktivieren | Alle Prüfungen aktivieren

Erweiterte Programmprüfung

Programm ZANGEBOTE_ABGESAGT

Prüfungen

- ATC-relevante Prüfungen der erweiterten Programmprüfung ausführen
- Ausgewählte Prüfungen ausführen

| | |
|---|---|
| ☑ PERFORM / FORM-Schnittstellen | ☑ Feldeigenschaften |
| ☑ CALL FUNCTION / METHOD-Schnittstellen | ☑ Warnungen von der Syntaxprüfung |
| ☑ Externe Programm-Schnittstellen | ☑ Internationalisierung |
| ☑ Überprüfung der Loadgrößen | ☑ Überflüssige Anweisungen |
| ☑ Berechtigungen | ☑ Problematische Anweisungen |
| ☑ GUI-Status und TITLEBAR | ☑ Strukturerweiterungen |
| ☑ SET / GET-Parameter-IDs | ☐ Programmierrichtlinien |
| ☑ MESSAGE-Anweisungen | ☐ Veraltete Anweisungen |
| ☑ Zeichenketten | ☐ Programmübergreifende Prüfungen |
| ☑ Ausgabe CURR / QUAN-Felder | |

Zusatzfunktionen

☐ Prüfergebnisse als einfache Liste ausgeben

☐ Auch ausgeblendete Meldungen ausgeben

*Abbildung 6.14: Erweiterte Programmprüfung – Einstiegsmaske*

Daneben ist die erweiterte Programmprüfung auch in die Transaktion *SCI* integriert. Wählen Sie die Prüfvariante ERWEITERTE PROGRAMMPRÜFUNG (SLIN), führt die Transaktion *SCI* genau dieselben Prüfungen wie die Transaktion *SLIN* aus.

Um Warnungen in der erweiterten Programmprüfung zu unterdrücken, können Sie *Pragmas* bzw. in älteren Releases *Pseudokommentare* verwenden. Die Umstellung von Pseudokommentaren auf Pragmas erfolgte im Release 7.0 EhP2. Die erweiterte Programmprüfung weist Sie bei einer Warnung gleich auf das entsprechende Pragma bzw. den entsprechenden Pseudokommentar hin.

**Wann Sie Warnungen (nicht) unterdrücken sollten**

Verwenden Sie in einem Report global deklarierte Variablen, erhalten Sie in der erweiterten Programmprüfung unter der Sektion PROGRAMMIERRICHTLINIEN die Warnung »Felder oder Feldsymbole nicht global deklarieren«. Können die Variablen nicht lokal in einer Prozedur deklariert werden (was beispielsweise bei Dynpro-Feldern zutrifft), ist die Warnungsunterdrückung mittels Pragma ##NEEDED sinnvoll.

Weist Ihr Source Code einer Variablen beispielsweise keinen Wert zu, bekommen Sie in der erweiterten Programmprüfung auch eine Warnung. Hier ist Warnungsunterdrückung unsinnig, da dies eine potenzielle Fehlerquelle darstellt. Ein anderer Entwickler könnte beim Auslesen dieser Variablen annehmen, dass ihr ein Wert zugewiesen wurde.

**Erweiterte Programmprüfung in Code-Reviews integrieren**

Integrieren Sie die erweiterte Programmprüfung in Ihr Code-Review. Diese Prüfung weist Sie schon auf viele Fehlerquellen hin.

## 6.4 ABAP Test Cockpit (ATC)

Mit dem *ABAP Test Cockpit* können Sie Ihren Quelltext periodisch oder auch während der Auftragsfreigabe prüfen lassen. Sie erreichen das ABAP Test Cockpit (siehe Abbildung 6.15) über die Transaktion *ATC*.

Diese Transaktion steht Ihnen ab den folgenden SAP-NetWeaver-Releases zur Verfügung:

- SAP NetWeaver AS ABAP 7.0, EhP2, Support Package 12,
- SAP NetWeaver AS ABAP 7.0, EhP3, Support Package 05,
- SAP NetWeaver AS ABAP 7.3, EhP1, Support Package 05,
- SAP NetWeaver AS ABAP 7.4, Support Package 02.

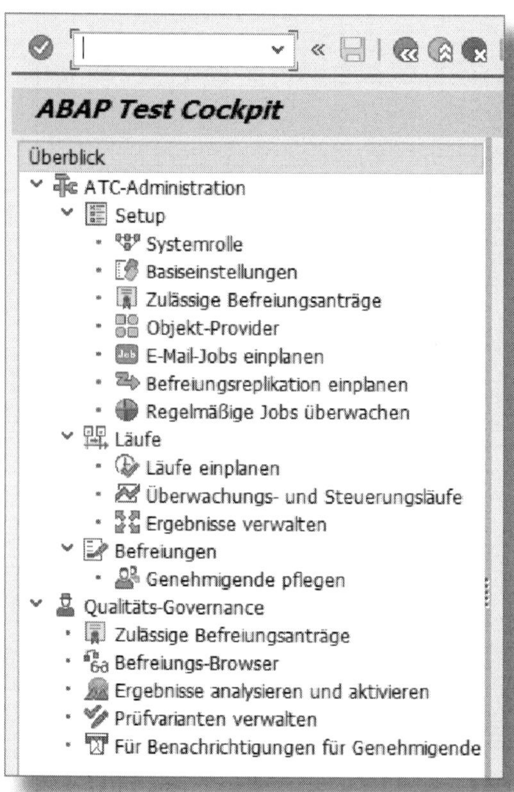


*Abbildung 6.15: Einstiegsmaske ABAP Test Cockpit*

Das ABAP Test Cockpit übernimmt die Prüfvarianten aus der Transaktion *SCI*. Mit der in Abbildung 6.16 gezeigten Prüfvariante *ZRUN_TEST* wurde das ABAP Test Cockpit so konfiguriert, dass die Unit-Tests immer bei Auftragsfreigabe ausgeführt werden.

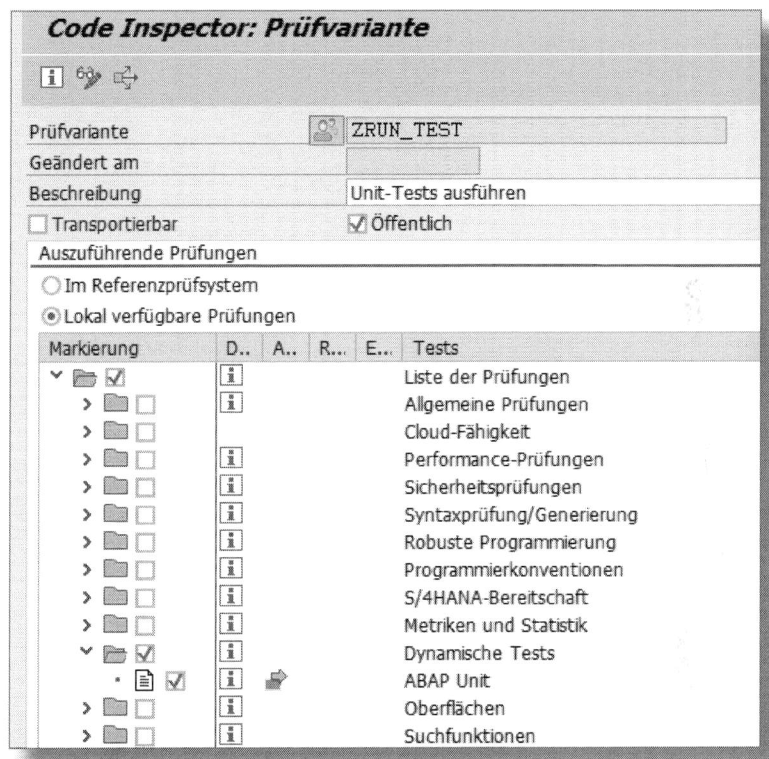


*Abbildung 6.16: Prüfvariante mit Unit-Tests*

Als Erstes legen Sie, wie in Abbildung 6.17 gezeigt, die GLOBALE PRÜFVARIANTE fest. Dies erfolgt in den Basiseinstellungen, die Sie über den Menüpfad ATC-ADMINISTRATION • SETUP • BASISEINSTELLUNGEN (vgl. Abbildung 6.15 ) erreichen.

Abbildung 6.17: Konfiguration ATC

## Befreiungen beantragen und genehmigen

Für einzelne Fehler oder Warnungen kann der Entwickler eine *Befreiung* beantragen, die der Qualitätsmanager im ABAP Test Cockpit genehmigt oder ablehnt.

Um Befreiungen zu ermöglichen, müssen Sie in Abbildung 6.17 das MASTER-SYSTEM festlegen. Das zentrale Master-System ist oft das Konsolidierungs- oder das Testsystem. Planen Sie im zentralen Master-System einen Lauf über den Menüpfad ATC-ADMINISTRATION • LÄUFE • LÄUFE EINPLANEN (Abbildung 6.15) ein, können Sie die gefundenen Fehler bzw. Warnungen an die einzelnen Entwicklungssysteme verteilen. Die Befreiungen, die die Entwickler in der Folge im Entwicklungssystem beantragen, werden wieder an das zentrale Master-System weitergeleitet, wo Sie sie ablehnen oder genehmigen können.

### Integration in die Auftragsfreigabe

Wie Sie in Abbildung 6.17 unten erkennen, bietet das ABAP Test Cockpit eine Integration in die Auftragsfreigabe. Fehler oder Warnungen werden Ihnen, wenn gewünscht, direkt bei Auftragsfreigabe angezeigt.

Sowohl die globale Prüfvariante als auch die Code-Inspector-Prüfungen, die in der Transaktion *SLIN* durchgeführt werden, sind in die Auftragsfreigabe integrierbar.

Wird das ABAP Test Cockpit wie in Abbildung 6.17 konfiguriert, bekommen Sie bei Auftragsfreigabe einen Hinweis sowohl dann, wenn ein Unit-Test fehlschlägt, als auch, wenn Sie beispielsweise eine Ausnahmebehandlung übersehen haben. Abbildung 6.18 zeigt exemplarisch einen Hinweis, nachdem eine Testmethode bei Auftragsfreigabe fehlgeschlagen ist. Wählen Sie den Detail-Button, können Sie, wie in Abbildung 6.19 gezeigt, den bzw. die Fehler detailliert begutachten.

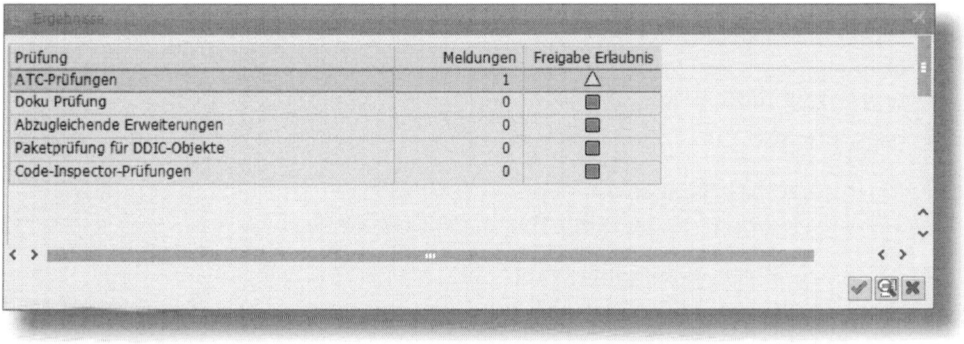

| Prüfung | Meldungen | Freigabe Erlaubnis |
|---|---|---|
| ATC-Prüfungen | 1 | |
| Doku Prüfung | 0 | |
| Abzugleichende Erweiterungen | 0 | |
| Paketprüfung für DDIC-Objekte | 0 | |
| Code-Inspector-Prüfungen | 0 | |

*Abbildung 6.18: Hinweis auf fehlerhafte ATC-Prüfungen bei Auftragsfreigabe*

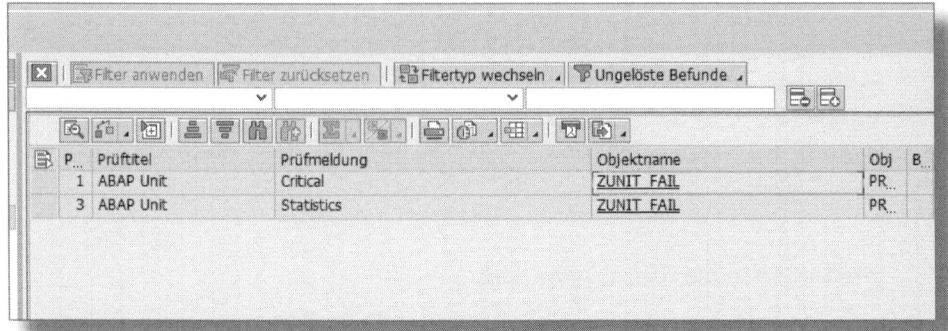


*Abbildung 6.19: Fehlerdetails ATC-Prüfung*

Die Spalte OBJEKTNAME enthält einen Hyperlink, der direkt in die entsprechende Testmethode verzweigt.

Da in Abbildung 6.17 im Drop-down-Feld VERHALTEN B. FREIGABE *Über Fehler informieren (Priorität 1 und 2)* gewählt wurde, ist die Freigabe des Transportauftrages trotzdem noch möglich. Sie können in diesem Drop-down-Feld stattdessen auch *Block auf jedem Fehler (Priorität 1 und 2)* wählen, um die Freigabe bei einem Fehler zu blockieren.

In der Zeile ATC-PRÜFUNGEN in Abbildung 6.18 werden Ihnen sowohl kritische als auch tolerierbare Fehler angezeigt. In der Klasse `cl_abap_unit_assert` können Sie im `level` Parameter angeben, ob es sich um einen kritischen oder um einen tolerierbaren Fehler handelt.

Damit die in Abbildung 6.18 gezeigte Prüfung funktioniert, sind zudem Einstellungen im *Transport Organizer* (Transaktion *SE03*, Abbildung 6.20) bzw. in den Benutzereinstellungen notwendig, wie nachfolgend erläutert wird.

Im Transport Organizer (Menüpunkt OBJEKTPRÜFUNGEN BEI AUFTRAGSFREIGABE) haben Sie die Möglichkeit, die Prüfungen:

- global einzuschalten,
- global ausschalten,
- benutzerabhängig einzuschalten (der Benutzer kann dies in der Transaktion *SE10* separat einstellen).

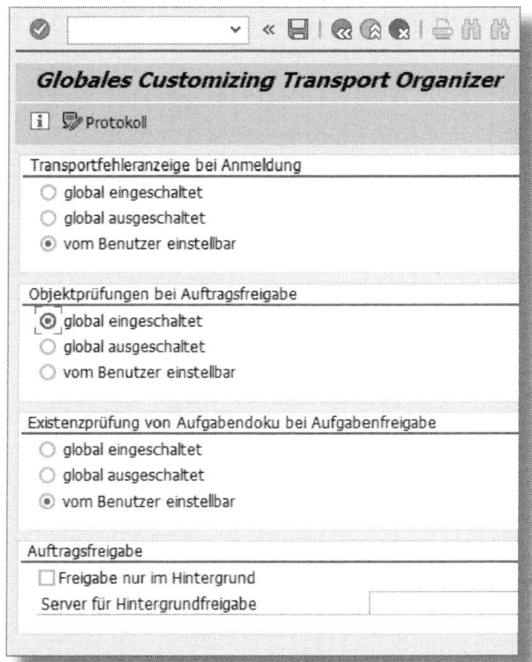


*Abbildung 6.20: Objektprüfungen bei Auftragsfreigabe im Transport Organizer einstellen*

Um benutzerabhängige Einstellungen zu pflegen, müssen Sie vorübergehend die Transaktion *SE03* verlassen, in die Transaktion *SE10* wechseln und dort unter EINSTELLUNGEN den TRANSPORT ORGANIZER öffnen, wie in Abbildung 6.21 gezeigt.

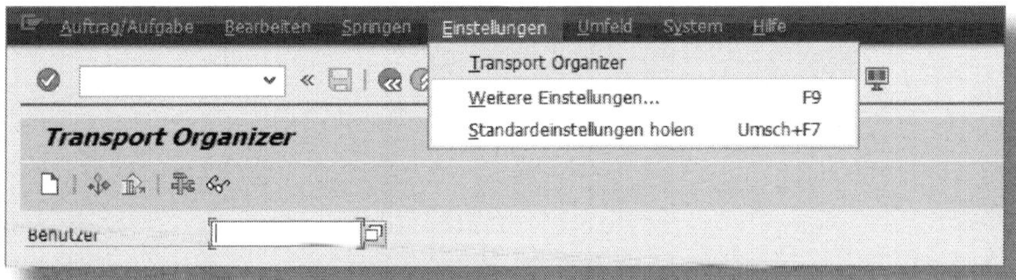


*Abbildung 6.21: Benutzerabhängige Einstellungen im Transport Organizer*

Dieser Menüpunkt öffnet das in Abbildung 6.22 gezeigte Pop-up. Wählen Sie dort die Checkbox OBJEKTE BEI AUFTRAGSFREIGABE PRÜFEN, um die Prüfungen für Ihren Benutzer zu aktivieren.

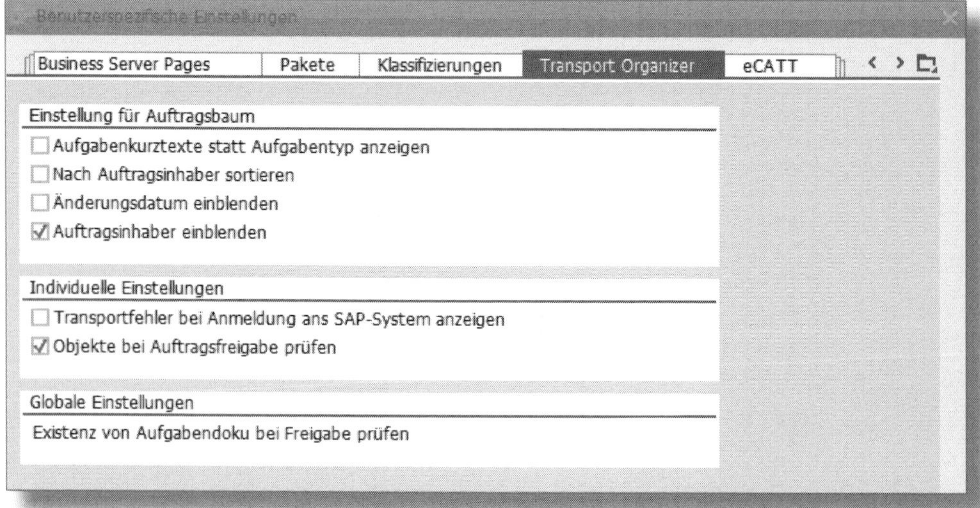


*Abbildung 6.22: Prüfung bei Auftragsfreigabe auf Benutzerebene aktivieren*

## 6.5 Transport von Kopien

Ein Vorabtransport in das Testsystem bietet Ihnen die Möglichkeit:

- Transportaufträge auf Vollständigkeit zu prüfen,
- Integrationstests im Testsystem durchzuführen,
- einen Zwischenstand an die Versionsverwaltung zu übergeben.

Bevor Sie eine dieser Maßnahmen beginnen, legen Sie, wie in Abbildung 6.23 gezeigt, eine Kopie des originalen Transportauftrages

(TRANSPORT VON KOPIEN) an. Den originalen Transportauftrag geben Sie noch nicht frei! Somit werden mehrere Transportaufträge mit denselben Objekten vermieden, die – in der falschen Reihenfolge eingespielt – sich selbst überschreiben würden.

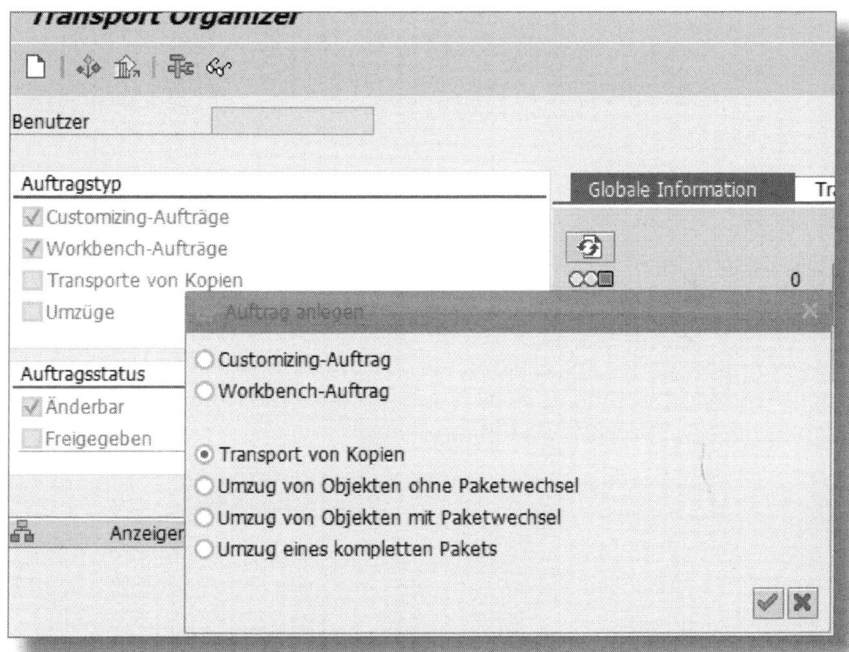


*Abbildung 6.23: Transport von Kopien anlegen*

Erst nachdem die Testphase beendet ist und der Transport in das Produktivsystem ansteht, geben Sie den originalen Transportauftrag frei.

Wird ein Auftrag transportiert, werden alle Objekte in diesem Auftrag aktiviert (d. h. kompiliert). Fehlen im Transportauftrag noch Objekte bzw. sind die Modifikationen auf mehrere Transportaufträge aufgeteilt, bekommen Sie bereits beim Transport in das Testsystem eine Fehlermeldung (siehe Abbildung 6.24).

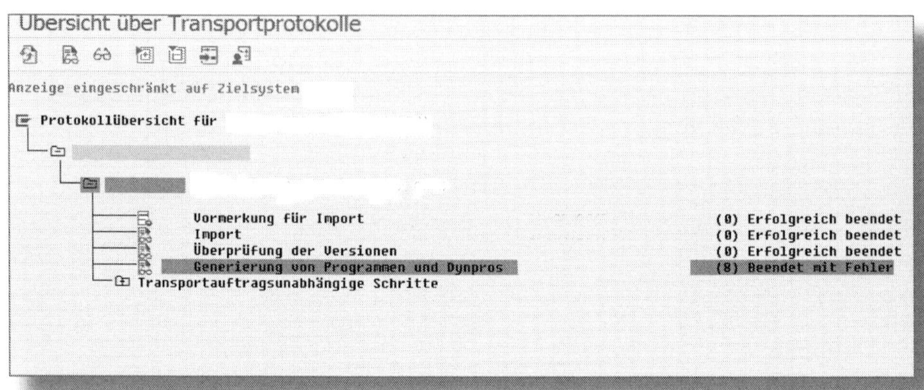


*Abbildung 6.24: Unvollständiger oder fehlerhafter Transportauftrag*

Allerdings kontrolliert der Compiler nicht den Aufruf von Funktionsbausteinen, Berechtigungsobjekten und Customizing-Einstellungen. Nach dem Transport empfiehlt es sich daher immer, die Aufträge im Zielsystem erneut auf Vollständigkeit zu prüfen.

**Auftragsprüfung im Testsystem**

Modifizieren Sie beispielsweise die Signatur des Funktionsbausteins A im Auftrag 1, und im Auftrag 2 modifizieren Sie das Programm B, das den Funktionsbaustein A verwendet, bekommen Sie beim Transport des Auftrages 1 keinen Hinweis auf die Syntaxfehler im Programm B.

Um dieser Schwachstelle zu begegnen, können Sie die Transaktion *SCI* mit der Prüfvariante ERWEITERTE PROGRAMMPRÜFUNG (SLIN) im Zielsystem laufen lassen. Als Objektmenge wählen Sie in diesem Fall, wie im Abschnitt 5.1 (Major-Release), alle Objekte, die den Funktionsbaustein A aufrufen.

Daneben bietet sich das in Abschnitt 6.4 vorgestellte ABAP Test Cockpit an. Nach einem Transport von Kopien können Sie im Testsystem die erweiterte Programmprüfung in den einzelnen Paketen anstoßen und Fehler bzw. Warnungen an die Entwickler weitergeben.

# 7 Tipps für das Management

**Das Management kann einiges dazu beitragen, um den Qualitätsverbesserungsprozess zu unterstützen. Es ist sogar sehr wichtig, dass dieser Prozess von allen Beteiligten aktiv mitgetragen wird. Bei Software ist es allerdings im Vergleich zu vielen anderen Industrieprodukten schwer, klare Qualitätskriterien zu definieren. Daher benötigen Entwicklungsleiter andere Prozedere als Qualitätsmanager in der mechanischen Welt. Einige empfehlenswerte Vorgehensweisen möchte ich Ihnen in diesem Kapitel vorstellen.**

## 7.1 Anforderungen konkretisieren

Anwender spezifizieren bei Projektbeginn in ihren Anforderungen oft nur triviale Fälle. Sofern Sie über erfahrene Berater oder Entwickler verfügen, die die Geschäftsprozesse und deren Abbildung im SAP-System gut kennen, sind diese bei der Spezifikation eine große Hilfe. Sie können auf Spezialfälle direkt bei Projektbeginn hinweisen und diese in die Spezifikation mit aufnehmen. Sie ersparen sich so häufige Quelltextmodifikationen.

Unklare oder schwammig formulierte Anforderungen sollten Sie konkretisieren. Reagieren Sie mit flexiblen Algorithmen auf unklare Anforderungen, enthalten diese oft viele ungenutzte Features, entsprechen zumeist nicht den Erwartungen der Auftraggeber und bringen unnötige Komplexität mit sich.

## 7.2 Lebensdauer der Softwareprojekte beachten

Qualitätsmanagement ist eine langfristige Investition, die sich über die Lebensdauer der Softwareprojekte bezahlt macht. Durch vernünftiges Qualitätsmanagement können Sie die Wartungskosten für Projekte, die häufigen Modifikationen oder Erweiterungen unterliegen, langfristig senken.

Zunächst führt das Qualitätsmanagement zwar zu längeren Projektlaufzeiten und höheren Kosten. Allerdings enden viele Softwareprojekte ohne vernünftiges Qualitätsmanagement als Legacy Code oder scheitern gänzlich. Legacy Code ist zeitaufwendig und fehlerbehaftet, sobald dieser geändert, erweitert oder ersetzt werden muss (vgl. Abschnitt 5.2).

## 7.3 Entwicklung im Team (Pair Programming)

Komplexe oder kritische Projekte sollten von mehreren Entwicklern geschrieben werden. Ein Entwickler schreibt den produktiven Code, ein anderer führt ein Review oder die Tests durch. Nach einigen Tagen tauschen diese beiden Entwickler die Rollen (*Pair Programming*).

Für das Pair Programming bietet sich das in Abschnitt 6.1.2 vorgestellte Versionsverwaltungswerkzeug abapGit an. Durch Commits vor jedem Rollentausch werden Nachvollziehbarkeitslücken (Wer hat wann und wo den Quelltext geändert?) vermieden.

Von Vorteil für Sie ist die Verteilung des Know-hows auf mehrere Schultern. Der Code wird nicht nur von zwei, sondern von vier Augen begutachtet. Ist ein Entwickler im Urlaub oder verlässt das Unternehmen, gibt es zudem noch eine weitere Person, die sich in dem jeweiligen Projekt auskennt.

## 7.4 Dokumentation außerhalb des SAP-Systems

Viele Features von bekannten Source-Code-Hosting-Plattformen wie GitHub (*www.github.com*) oder GitLab (*www.gitlab.com*) bringt die ABAP-Entwicklungsumgebung im SAP-System schon mit. Leider können im SAP-System Informationen wie die Dokumentation, Wikis, Bugs oder Probleme (Issues) den Softwareprojekten nicht angehängt werden, wie es bei GitHub oder GitLab üblich ist. Bei ABAP-Projekten sollten Sie daher klar regeln, wo Ihr Team diese Informationen ablegen soll und finden kann.

## 7.5 Externe Berater und Entwickler

Ein weiterer Punkt, auf den Sie achten sollten, ergibt sich aus dem Einsatz externer Entwickler, Berater und Projektleiter. Achten Sie darauf, dass diese Ihre firmeneigenen Qualitätskriterien kennen und sich danach richten. Allzu oft tendieren sie leider aus Zeitgründen dazu, Qualitätskriterien weitestgehend zu ignorieren. Daher kann ein Code-Review auch bei einer Entwicklung, die nach extern vergeben wurde, sinnvoll sein.

## 7.6 Grenzen der Metriken

Codequalität lässt sich nur teilweise messen und in Zahlen fassen. Viele Aspekte können durch Metriken nicht abgebildet werden. Sie können zwar, wie in Abschnitt 4.3 dargestellt, den prozentualen Anteil des Quelltextes, der während Tests durchlaufen wurde (Abdeckungsmessung), die Zeit, die Ihr Team für die Implementierung ein neues Features investieren musste, oder die Anzahl Bugs pro Codezeile messen. Diese Metriken treffen aber nur Aussagen über kleine Teilaspekte.

Das komplette Thema »Codequalität« können Sie mit Metriken allein nicht vollständig betrachten. Die Abdeckungsmessung sagt noch nichts über die Verifikation der Testergebnisse aus. Wird eine Verifikation während eines Tests vergessen, können Sie trotzdem noch 100 % Testabdeckung erreichen.

Ähnlich verhält es sich, wenn die Entwicklungszeit für die Ergänzung eines neuen Features gemessen wird. Dann stehen Features, die vor dem Release nur unvollständig getestet wurden, besser da als solche, die vor dem Release ausgiebig geprüft wurden.

## 7.7 Kompetenzen

Anstatt ausschließlich Codequalität mit Metriken zu erfassen, motivieren die Herren Westphal und Lieser auf ihrer Webseite *https://clean-code-developer.com* Entwickler dazu, ihre Fähigkeiten und Kompetenzen einzelnen Graden zuzuordnen [1]. Angefangen beim roten Grad, der die Basisfähigkeiten eines Clean-Code-Developers umfasst, bis hin zum weißen Grad, der dem Clean-Code-Developer alle Fähigkeiten bescheinigt, kann sich jeder Entwickler seinem Status quo zuordnen.

Inwieweit trägt die Gradeinteilung zur Steigerung der Codequalität bei? Indem Entwickler motiviert werden, ihren Status quo einzuschätzen und nach außen sichtbar zu machen, ist ihnen eher daran gelegen, ihre Programmierfähigkeiten kontinuierlich zu verbessern.

## 7.8 Von außen nach innen (Outside-In-Design)

Softwareprojekte können Sie auch von außen nach innen entwickeln, wie in Abschnitt 4.8 vorgestellt wurde. Dem Auftraggeber können Sie so schneller einen Prototyp vorstellen.

Voraussetzung für das *Outside-In-Design* sind Entwickler, die mit der testgetriebenen Entwicklung vertraut sind.

# 8 Fazit

Hoffentlich konnte ich Ihnen einige Anregungen zum Thema Qualitätsmanagement und -sicherung geben, die Ihnen in Ihrer täglichen Praxis weiterhelfen. Sofern Sie bisher eine andere Handhabung gewohnt sind, werden Sie sicherlich einige Zeit brauchen, bis Sie mit der in diesem Buch vorgestellten Arbeitsweise vertraut sind. Lassen Sie sich jedoch davon nicht entmutigen.

Wichtig war mir immer, dass die Auftraggeber bei Projektabschluss ein Stück Software in den Händen halten können, das ihre Erwartungen trifft, und dass den Entwicklern, die später meine Programme warten sollten, ihre Arbeit nicht unnötig kompliziert gemacht wird. Leider musste ich immer wieder erleben, dass es vielen ABAP-Entwicklern schwerfällt, diesem Anspruch gerecht zu werden. Oftmals werden technische Schulden (so genannte »technical depts«) in Form von Legacy Code oder von schwer behebbaren Bugs angehäuft, deren Tilgung mitunter ein teures Unterfangen ist. Darum wollte ich mein gesammeltes Wissen und meine gesammelten Erfahrungen in diesem Buch niederschreiben. Ich hoffe, Sie können einige Aspekte aus diesem Buch mitnehmen und so technische Schulden gänzlich vermeiden oder sie zumindest auf einem akzeptablen Niveau halten.

Zu guter Letzt möchte ich mich noch zum Thema »ungarische Notation« äußern – auf ein (zumeist) dreistelliges Präfix folgt ein frei wählbarer Bezeichner –, da Diskussionen rund um das Thema *Codequalität* häufig in einer Auseinandersetzung über Sinn und Unsinn der ungarischen Notation enden. In diesem Buch habe ich in Übereinstimmung mit den SAP-Gestaltungsrichtlinien (*https://github.com/sap/styleguides*) weitestgehend auf die ungarische Notation verzichtet. Das heißt jedoch nicht, dass Sie das genauso machen sollten oder müssen. Sofern Sie sich mit der ungarischen Notation sicherer fühlen, dürfen Sie diese gerne weiterverwenden. Wie ich Ihnen hoffentlich in diesem Buch vermitteln konnte, umfasst das Thema *Codequalität* weit mehr Aspekte.

# 9 Anhang

**Im Anhang möchte ich Ihnen einen Überblick über die SOLID-Prinzipien und die in diesem Buch angesprochenen Transaktionen geben.**

## 9.1 Die SOLID-Prinzipien

Die SOLID-Prinzipien [2] stellen fünf Gestaltungsrichtlinien dar, damit Software auch bei häufigen Modifikationen robust bleibt. Die folgende Liste enthält die Zusammenfassung der SOLID-Prinzipien:

1. **S** für Single-Responsibility-Prinzip (Abschnitt 2.3.3),
2. **O** für Open-Closed-Prinzip (Abschnitt 2.4.1),
3. **L** für Liskov-Substitution-Prinzip (Abschnitt *2.4.2*),
4. **I** für Interface-Segregation-Prinzip (Abschnitt 2.4.3),
5. **D** für Dependency-Inversion-Prinzip (Abschnitt 2.4.4).

## 9.2 Wichtige Transaktionen und Reports

| Funktion | Transaktion/Report | Abschnitt im Buch |
|---|---|---|
| Code Inspector | Transaktion *SCI* | 5.1 (Major-Release) |
| Erweiterte Programmprüfung | Transaktion *SLIN* | 6.3 |
| Konfiguration ABAP Unit (Risikostufe Testklasse, Verbieten der Testausführung im Produktivsystem) | Report *SAUNIT_CLIENT_SETUP* | 4.2.4 |
| ABAP Test Cockpit | Transaktion *ATC* | 6.4 |
| Automatisierung Integrationstests | Transaktion *SECATT* | 4.9 |
| Coverage Analyzer | Transaktion *SCOV* | 4.3 |

# 10 Quellenangaben


[1] Die Clean Code Developer Grade, *https://clean-code-developer.de/die-grade*, Zugriffsdatum: 22.04.2019,

[2] Wikipedia contributors: SOLID. Wikipedia, The Free Encyclopedia, 25.06.2024, *https://en.wikipedia.org/w/index.php?title=SOLID&oldid=1230898737*, Zugriffsdatum: 26.06.2024,

[3] Brown, S.: The C4 model for visualising software architecture, *https://c4model.com*, Zugriffsdatum: 22.04.2019,

[4] Torres, A.: Introduction to Test Doubles, 08.04.2019, *https://codurance.com/2019/04/08/Introduction-to-test-doubles/*, Zugriffsdatum: 20.06.2019,

[5] Feathers, Michael C.: Working Effectively with Legacy Code, 1. Auflage, Prentice Hall, 2004.

# A Der Autor

Johannes Gerbershagen hat an der Hochschule Ulm Produktionstechnik und Organisation studiert, ein eher maschinenbaulastiges Studium. Seine ersten Erfahrungen mit ABAP hat er 2013 im Rahmen einer Werkstudententätigkeit gewonnen. Seitdem ist er als Entwickler für die Automobilzulieferindustrie tätig. Nebenberuflich betätigt er sich als Autor sowie als Open-Source-Entwickler.

# B Index

## L



## M



## O



## P



## R



## S



## T



## U



## V

# C Disclaimer

Die in diesem Werk wiedergegebenen Gebrauchsnamen, Handelsnamen, Warenbezeichnungen usw. können auch ohne besondere Kennzeichnung Marken sein und als solche den gesetzlichen Bestimmungen unterliegen. Sämtliche in diesem Werk abgedruckten Bildschirmabzüge unterliegen dem Urheberrecht der SAP SE, Dietmar-Hopp-Allee 16, 69190 Walldorf.

In dieser Publikation wird auf Produkte der SAP SE Bezug genommen. SAP®, ABAP®, ExpenseIt®, Joule, OpenSAP®, SAP ActiveAttention®, SAP® Adaptive Server® Enterprise, SAP® Advantage Database Server®, SAP® AppGyver®, SAP Ariba®, SAP Business ByDesign®, SAP® Business Explorer®, SAP® Bex, SAP® BusinessObjects, SAP® BusinessObjects Explorer®, SAP® BusinessObjects Web Intelligence®, SAP Business One®, SAP Business Workflow®, SAP BW/4HANA®, SAP Concur®, SAP® Crystal Reports®, SAP EarlyWatch®, SAP® Emarsys®, SAP Fieldglass®, SAP Fiori®, SAP Garden®, SAP® Global Trade Services (SAP® GTS®), SAP HANA®, SAP® Jam, SAP Lumira®, SAP MaxAttention®, SAP® MaxDB®, SAP NetWeaver®, SAP® PartnerEdge®, SAP® Sapphire®, SAP® PowerBuilder®, SAP® PowerDesigner®, SAP® R/3®, SAP® Replication Server®, SAP® Roambi®, SAP S/4HANA®, SAP S/4HANA® Cloud, SAP Signavio®, SAP® SQL Anywhere®, SAP Strategic Enterprise Management® (SAP® SEM®), SAP SuccessFactors®, SAP Vora®, Taulia®, The Best Run SAP®, TripIt® und weitere im Text erwähnte SAP-Produkte und -Dienstleistungen sowie die entsprechenden Logos sind Marken oder eingetragene Marken der SAP SE in Deutschland und anderen Ländern. Die Angaben im Text sind unverbindlich und dienen lediglich zu Informationszwecken. Produkte können länderspezifische Unterschiede aufweisen.

Git® und das Git-Logo sind entweder eingetragene Marken oder Marken der Software Freedom Conservancy, Inc., dem Hauptsitz des Git-Projekts, in den USA und/oder anderen Ländern. GitHub® ist in den USA eine eingetragene Marke der GitHub Inc. GitLab® ist eine eingetragene Marke der GitLab Inc.

Der SAP-Konzern übernimmt keinerlei Haftung oder Garantie für Fehler oder Unvollständigkeiten in dieser Publikation. Der SAP-Konzern steht lediglich für SAP-Produkte und -Dienstleistungen nach der Maßgabe ein, die in der Vereinbarung über die jeweiligen Produkte und Dienstleistungen ausdrücklich geregelt ist. Aus den in dieser Publikation enthaltenen Informationen ergibt sich keine weiterführende Haftung.

# Weitere Bücher von Espresso Tutorials

Ulrich Bähr, Axel Treusch:

**Praxisbuch SAP® Interactive Forms und Adobe LiveCycle Designer** – 2., erweiterte Auflage

- Adobe-Produktwelt und PDF-Typen verstehen
- Grafische und Eingabeobjekte – die Bausteine eines Formulars
- XDP-Templates anlegen, einrichten, ex- und importieren
- Was ist neu im AEM Forms Designer (bisher LifeCycle Designer)?

*https://es-tu.de/nspidt*

Thomas Stutenbäumer:

**SAP® Praxishandbuch ABAP Teil 1 – Konzeption, Entwicklung, Debugging** – 2., erweiterte Auflage

- Praxisorientierte Verfahren und Methoden der ABAP-Programmierung
- Aktuelle Entwicklungstechnologien und ihr Einsatzbereich
- SAP Data Dictionary und dessen Einsatz auch unter HANA
- Routinierter Umgang mit dem ABAP-Debugger

*https://es-tu.de/9LZg*

Thomas Stutenbäumer:

**SAP® Praxishandbuch ABAP® Teil 2 – Performance, Erweiterungen, Transportwesen** – 2., erweiterte Auflage

- Auswirkungen neuer Technologien auf die Praxis der ABAP-Entwicklung
- Änderungen und Erweiterungen gegenüber dem SAP-Standard
- Einflussmöglichkeiten des Entwicklers auf die Performance
- Transportprozesse zur Produktivsetzung von Anwendungen

*https://es-tu.de/tq1cB3*

Johannes Gerbershagen:

**Praxishandbuch SAP® CAP – Cloud Application Programming Model**

- Eine Alternative zu SAP RAP, die keine ABAP-Vorkenntnisse erfordert
- Praxisnahe Tipps für Neu-und Quereinsteiger
- Grundlagen für die Erstellung von SAP-BTP-Anwendungen
- Erläuterung anhand einer Beispielanwendung mit Code

*https://es-tu.de/NGxfJ*

Christoph Lordieck, Manfred Sprenger:

**SAP®-Schnelleinstieg: ABAP-Entwicklung in Eclipse** – 2., erweiterte Auflage

- Eclipse einrichten und erste Entwicklungsobjekte anlegen
- Auto-Vervollständigung, Quick Fixes, Refactoring
- Neu: Core Data Services in Eclipse, ABAP Doc, Knowledge Transfer Documents
- Optisch verwandelt: Debugger, ABAP Test Cockpit, ABAP Unit Test in Eclipse

*https://es-tu.de/NaFTn*

Julian Danho, Phillip Dörrschuck:

**Schnelleinstieg in das SAP® ABAP® RESTful Application Programming Model (RAP)**

- Grundlagen von RAP: Einführung in Business Objects, Behavior und Services
- Effizienzsteigerung: Optimierung durch RAP-Methoden
- Entity Manipulation Language: neuer ABAP-Zusatz für RAP-Business-Objects
- Datenintegration: externe Daten in RAP-Services anwenden

*https://es-tu.de/VwNyc*